全国高职高专建筑类专业规划教材

建筑给水排水及消防技术

（修订版）

主　编　刘世念　尹六寓

副主编　苏　伟　魏增福　郭喜庚

　　　　庄中霞　祝春华　李杨红

主　审　邓曼适

黄河水利出版社

·郑州·

内 容 提 要

本书是全国高职高专建筑类专业规划教材,是根据教育部对高职高专教育的教学基本要求及全国水利水电高职教研会制定的建筑给水排水及消防技术课程标准编写完成的。本书主要介绍了建筑给水排水及消防基本知识、建筑给水排水及消防施工图识读、建筑给水排水及消防工程量的计算、建筑给水排水系统的安装、建筑给水排水工程竣工验收及运行管理等 5 个学习项目。

本书除适合工程造价专业使用外,还适合建筑设备工程、建筑工程管理、建筑土木工程、建筑监理专业使用,也可作为从事建筑设备施工、建筑工程管理、监理、工程造价、电厂管理等专业工程技术人员的学习参考书。

图书在版编目(CIP)数据

建筑给水排水及消防技术/刘世念,尹六寓主编.
郑州:黄河水利出版社,2012.12 (2023.3 修订版重印)
全国高职高专建筑类专业规划教材
ISBN 978 – 7 – 5509 – 0407 – 1

Ⅰ.①建… Ⅱ.①刘… ②尹… Ⅲ.①建筑 – 给水工程 – 高等职业教育 – 教材②建筑 – 排水工程 – 高等职业教育 – 教材③建筑物 – 消防 – 高等职业教育 – 教材
Ⅳ.①TU8

中国版本图书馆 CIP 数据核字(2012)第 319666 号

组稿编辑:王路平 电话:0371 – 66022212 E-mail:hhslwlp@ 163. com
路夷坦 66026749 hhsllyt@ 126. com

出 版 社:黄河水利出版社
地址:河南省郑州市顺河路黄委会综合楼 14 层 邮政编码:450003
发行单位:黄河水利出版社
发行部电话:0371 – 66026940 、66020550 、66028024 、66022620(传真)
E-mail:hhslcbs@ 126. com
承印单位:河南承创印务有限公司
开本:787 mm × 1 092 mm 1/16
印张:7.75
字数:180 千字 印数:2 001—3 000
版次:2012 年 12 月第 1 版 印次:2023 年 3 月第 2 次印刷
2023 年 3 月修订版
定价:20.00 元

前　言

本书是根据《教育部关于全面提高高等职业教育教学质量的若干意见》(教高〔2006〕16号)、《教育部关于推进高等职业教育改革创新引领职业教育科学发展的若干意见》(教职成〔2011〕12号)等文件精神,由全国水利水电高职教研会拟定的教材编写规划,在中国水利教育协会的指导下,由全国水利水电高职教研会组织编写的建筑类专业规划教材。该套规划教材是在近年来我国高职高专院校专业建设和课程建设不断深化改革及探索的基础上组织编写的,内容上力求体现高职教育理念,注重对学生应用能力和实践能力的培养;形式上力求做到基于工作任务和工作过程编写,便于"教、学、练、做"一体化。该套规划教材是一套理论联系实际、教学面向生产的高职高专教育精品规划教材。

随着我国经济的高速发展和人民物质文化生活水平的不断提高,建筑设备安装业发展十分迅速,建筑设备工程的施工安装得到了较快的发展。为了满足建筑安装工程现场施工人员、工程预算员及我国高等职业院校培养高等技术应用型人才的实际识图和施工的需要,我们依据国家相关部门颁布的最新的技术规范标准及根据高职高专培养目标的定位要求,本着精练理论、强化实际应用的原则,以就业为指导,以任务为引领,以项目为主导,体现岗位技能要求,促使学生操作能力的培养,编写了此书。

为了不断提高教材内容质量,编者于2023年3月,根据近年来国家及行业颁布的最新规范、标准,以及在教学实践中发现的问题和错误,对全书进行了系统的修订和完善。

本书主要介绍了建筑给水排水及消防基本知识,建筑给水排水及消防施工图识读,建筑给水排水及消防工程量的计算,建筑给水排水系统的安装,建筑给水排水工程竣工验收及运行管理5个学习项目。

本书编写人员及编写分工如下:广东水利电力职业技术学院尹六寓、庄中霞,广东电网公司电力科学研究院刘世念、苏伟编写项目1及项目2;刘世念、尹六寓、广东水利电力职业技术学院郭喜庚编写项目3及项目4;广东水利电力职业技术学院祝春华、李杨红,广东电网公司电力科学研究院魏增福编写项目5。本书由刘世念、尹六寓担任主编,尹六寓负责统稿,由苏伟、魏增福、郭喜庚、庄中霞、祝春华、李杨红担任副主编,由广州大学市政技术学院邓曼适担任主审。

本书在编写过程中得到广东水利电力职业技术学院裘汉琦、曾燕副教授的大力支持,在此表示由衷的感谢。

由于编者水平有限,加之时间仓促,书中难免有欠缺和不足之处,恳请读者批评指正。

编　者
2023年3月

目　录

项目 1　建筑给水排水及消防基本知识

任务 1　建筑给水排水系统的基本知识

1.1　室内给水系统的分类、组成及常用给水方式

建筑给水系统是将室外给水管网中的水引入一幢建筑或建筑群,供人们生活、生产和消防之用,并满足各类用水对水质、水量和水压要求的冷水供应系统。

1.1.1　建筑给水系统的分类与组成

1.1.1.1　建筑给水系统的分类

给水系统按照其用途可分为三类:

(1)生活给水系统。生活给水系统是供人们生活饮用、烹饪、盥洗、洗涤、沐浴等日常用水的给水系统。其水质必须符合国家规定的《生活饮用水卫生标准》(GB 5749—2006)。

(2)生产给水系统。生活给水系统是供给各类产品生产过程中所需用水的给水系统。生产用水对水质、水量、水压的要求随生产工艺要求的不同有较大的差异。

(3)消防给水系统。消防给水系统是给各类消防设备扑灭火灾用水的给水系统。消防用水对水质的要求不高,但必须按照建筑设计防火规范保证供应足够的水量和水压。

上述三类基本给水系统可以独立设置,也可根据各类用水对水质、水量、水压、水温的不同要求,结合室外给水系统的实际情况,经技术经济比较,或兼顾社会、经济、技术、环境等因素的综合考虑,组成不同的共用给水系统。

1.1.1.2　给水系统的组成

一般情况下,建筑给水系统由下列各部分组成,如图 1-1 所示。

(1)水源。指室外给水管网供水或自备水源。

(2)引入管。对于单体建筑,引入管是由室外给水管网引入建筑内管网的管段。

(3)水表节点。水表节点是安装在引入管上的水表及其前后设置的阀门和泄水装置的总称。水表用以计量该幢建筑的总用水量。水表前后的阀门用于水表检修、拆换时关闭管路,水表节点一般设在水表井中。

(4)给水管网。给水管网是指由建筑内水平干管、立管和支管组成的管道系统。

(5)配水装置与附件。配水装置与附件是指配水龙头、消火栓、喷头与各类阀门(控制阀、减压阀、止回阀等)。

(6)增压和贮水设备。当室外给水管网的水量、水压不能满足建筑用水要求,或建筑内对供水可靠性、水压稳定性有较高要求时,以及在高层建筑中,需要设置增压和贮水设备。如水泵、气压给水装置、水池、水箱等。

(7)给水局部处理设施。当用户对给水水质的要求超出我国现行生活饮用水卫生标准或其他原因造成水质不能满足要求时,就需要设置一些设备、构筑物进行给水深度处理。

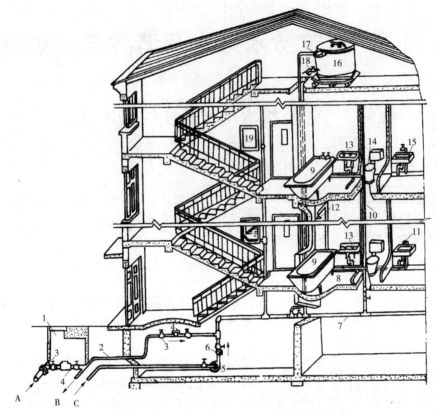

1—阀门井；2—引入管；3—闸阀；4—水表；5—水泵；6—止回阀；7—干管；8—支管；9—浴缸；10—立管；
11—水龙头；12—淋浴器；13—洗脸盆；14—大便器；15—洗涤盆；16—水箱；17—进水管；
18—出水管；19—消火栓；A—从室外管网进水；B—入贮水池；C—来自贮水池

图 1-1　建筑给水系统

1.1.2　常用给水方式

给水方式是指建筑内部给水系统的供水方案。它是由建筑功能、建筑高度、配水点的布置情况、室内所需的水压和水量及室外管网的水压和水量等因素决定的。

建筑工程中常见给水方式的基本类型有以下几种。

1.1.2.1　室外管网直接给水方式

室外管网直接给水方式适用于室外给水管网提供的水量、水压在任何时候均能满足建筑室内管网最不利点用水要求的情况。这种给水方式最简单、经济，如图 1-2 所示。

1.1.2.2　单设水箱的给水方式

当室外给水管网的供水压力大部分时间满足要求，仅在用水高峰时段由于水量增加，室外管网中水压降低而不能保证建筑上层用水时，或者建筑内要

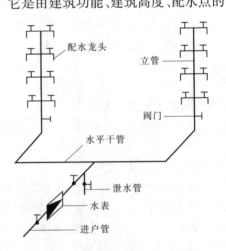

图 1-2　室外管网直接给水方式

求水压稳定,并且该建筑具备设置高位水箱的条件,可采用这种方式,如图1-3所示。该方式在用水低峰时,利用室外给水管网直接供水并向水箱充水;用水高峰时,水箱出水供给给水系统,从而达到调节水压和水量的目的。

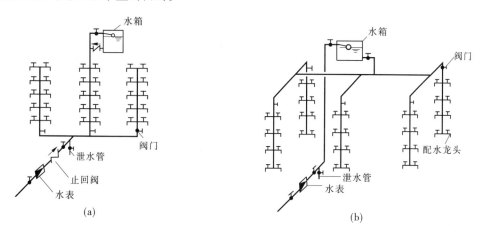

图1-3 单设水箱的给水方式

1.1.2.3 单设水泵的给水方式

当室外给水管网的水压大部分时间不足时,可采用单设水泵的给水方式,如图1-4所示。为充分利用室外管网压力,节约能源,可把水泵直接与室外管网相连接,这时应设旁通管,如图1-4(a)所示。采用这种方式,必须征得供水部门的同意,并在管道连接处采取必要的防护措施,以防污染。为避免上述问题,可在系统中增设贮水池,采用水泵与室外管网间接连接的方式,如图1-4(b)所示。

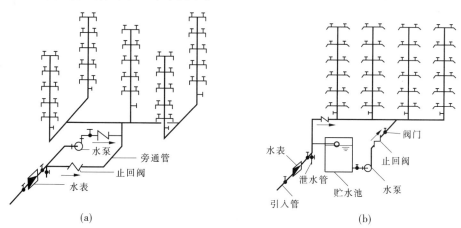

图1-4 单设水泵的给水方式

1.1.2.4 设贮水池、水泵和水箱的给水方式

当建筑用水可靠性要求高,室外管网水量、水压经常不足,不允许直接从外网抽水时,或者是外网不能保证建筑的高峰用水,且用水量较大,再或是要求贮备一定容积的消防水量者,都应采用这种给水方式,如图1-5所示。

1.1.2.5　设气压给水装置的给水方式

当室外给水管网压力低于或经常不能满足室内所需水压,室内用水不均匀,且不宜设置高位水箱时可采用此方式。如图1-6所示,气压水罐的作用相当于高位水箱,但其位置可根据需要较灵活地设在高处或低处。

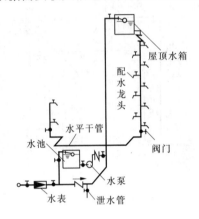

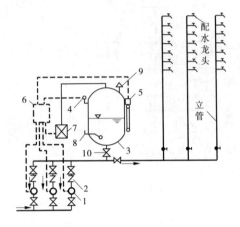

1—水泵;2—止回阀;3—气压水罐;
4—压力信号器;5—液位信号器;6—控制器;
7—补气装置;8—排气阀;9—安全阀;10—阀门

图1-5　设贮水池、水泵和水箱的给水方式　　**图1-6　设气压给水装置的给水方式**

1.1.2.6　分区给水方式

对于多层和高层建筑来说,室外给水管网的压力只能满足建筑下部若干层的供水要求。为了节约能源,有效地利用外网的水压,常将建筑物的低区设置成由室外给水管网直接供水,高区由增压贮水设备供水,如图1-7所示。

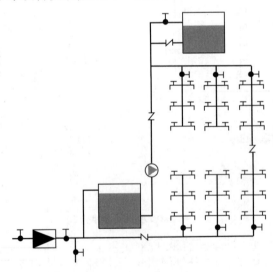

图1-7　分区给水方式

1.2 室内排水系统的分类、组成及常用排水方式

建筑排水系统是指通过管道及辅助设备，把屋面雨水及生活、生产过程中所产生的污水、废水及时排至室外的排水管网。

1.2.1 建筑排水系统的分类与组成

1.2.1.1 建筑室内排水系统的分类

按排除污(废)水的性质可分为以下三类：

(1)生活污(废)水系统。生活污(废)水系统用于排除日常生活中冲洗粪便、盥洗、淋浴和洗涤等产生的污水。

(2)生产污(废)水系统。生产污(废)水系统用于排除被生产过程污染的(包括水温过高、排放后造成热污染的)、受轻微污染的以及未受污染但水温稍有升高的工业污(废)水。

(3)雨水和雪水系统。雨水和雪水系统用于排除屋面雨水和雪水。

以上三类污(废)水系统有合流制和分流制两种排水体制。合流制是用同一管道(渠)系统收集和输送所有污(废)水的排水方式；分流制是用不同管道(渠)系统分别收集和输送各种污水、雨雪水和生产废水的排水方式。排水体制的选择由设计确定。

1.2.1.2 室内排水系统的组成

室内排水系统如图1-8所示，一般由以下几部分组成：

(1)污(废)水收集器。它是用来收集污(废)水的器具，如各种卫生器具、产生污(废)水的排水设备及雨水斗。

(2)排水支管。排水支管是指连接卫生器具和排水横管之间的短管。除坐式大便器和地漏外，其余支管上均应安装存水弯。

(3)排水横管。排水横管用来收集器具排水管送来的污水，并输送到立管中去。

(4)排水立管。排水立管用来收集各排水横管输送来的污水，然后再把这些污水送入排出管。

(5)排出管。排出管是用来收集一根或几根立管排来的污水，并将其排至检查井和室外排水管网中去。

(6)通气管。通气管的作用是维持排水管道系统的大气压力，保证水流畅通，防止器具水封被破坏，同时排出管内污染空气。

(7)清通装置。清通装置用于清通排水管道，常用的清通装置有检查口和清扫口等。

(8)抽升设备。在民用和公共建筑的地下室、人防建筑及工业建筑内部标高低于室外地坪的车间和其他用水设备的房间，其污水一般难以自流排至室外，需要抽升排泄。

常用的抽升设备有水泵、空气扬水器和水射器等。

1.2.2 建筑排水系统的常用排水方式

建筑物地上部分污水排水系统常用的排水方式主要有四种。

(1)仅设伸顶通气管的排水系统(单立管污水排水系统)。把污水排水管顶端伸出室外(一般屋面)通气，这种污水排水系统在实际工程中应用最为广泛。

(2)设专门的通气管(双立管污水排水系统)。专门的通气管根据设置的位置、形式、

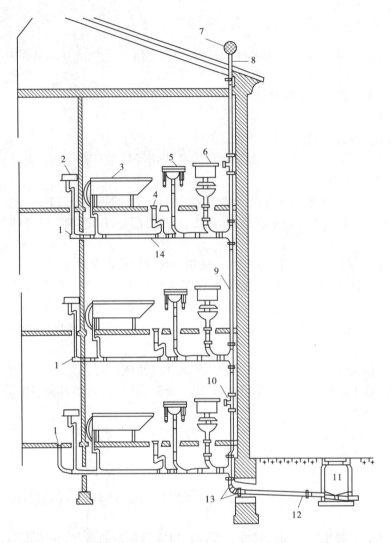

1—清扫口;2—洗涤盆;3—浴盆;4—地漏;5—洗脸盆;6—大便器;7—网罩;
8—伸顶通气管;9—立管;10—检查口;11—排水检查井;12—排出管;13—弯头;14—横支管

图1-8　建筑内部排水系统的组成

作用和要求的不同通常又分为专用通气管、环形通气管和器具通气管等形式,这种污水排水系统在特殊场所或标准高的多层和高层建筑中使用。

(3)不通气污水排水系统。这种污水系统主要用在底层的单独污水排水系统或没有条件设置伸顶通气管的场所。

(4)采用特殊部件或特殊配件的污水排水系统(单立管污水排水系统)。这种污水排水系统由于采用特殊的技术措施,大大改善了污水排水系统的排水能力,具有简单、节约、高效的特点。该系统一般在高层建筑污水排水系统中使用,常用的有以下4个特殊排水系统:

①苏维脱排水系统。该系统有两个特殊配件,即气水混合器(作为立管上连接横支管的配件)和气水分离器(作为立管底部转弯处的配件)。

②旋流排水系统。该系统有两个特殊配件,即旋流连接配件(作为立管上连接横支管的配件)和旋流排水弯头(作为立管底部转弯处的配件)。

③芯型排水系统。该系统有两个特殊配件,即高奇马连接配件(作为立管上连接横支管的配件)和角笛弯头(作为立管底部转弯处的配件)。

④简易单立管污水排水系统。这种污水排水系统均是通过特殊的连接配件(如特殊三通连接配件等)、新型管材(如塑料螺旋排水管等)来提高排水能力和改善排水条件的。

1.3 室内热水供应系统的分类、组成及常用热水供应方式

建筑室内热水供应是水的加热、贮存、输送和分配的总称。建筑内热水供应系统要供给生产及用户生活用热水、用户洗涤和盥洗用热水,应能保证用户随时可以得到所需要的水量、水温和水质。

1.3.1 热水供应系统的分类与组成

1.3.1.1 热水供应系统的分类

热水供应系统按照热水供应范围的大小可分为以下三类:

(1)局部热水供应系统。局部热水供应系统是采用小型加热器在用水场所就地加热,供局部范围内一个或几个配水点使用的热水系统。例如,小型燃气热水器、电热水器、太阳能热水器等。

(2)集中热水供应系统。集中热水供应系统是在锅炉房、热交换站或加热间将水集中加热后,通过热水管网输送到整幢或几幢建筑的热水系统。

(3)区域热水供应系统。区域热水供应系统是在热电厂、区域性锅炉房或热交换站将水集中加热后,通过市政热力管网输送至建筑群、居民区、城市街坊或整个工业企业的热水系统。

1.3.1.2 热水供应系统的组成

热水供应系统的组成因建筑类型和规模、热源情况、用水要求、加热和贮存设备的供应情况、建筑对美观和安静的要求等不同而有所不同。图1-9所示为一典型的集中热水供应系统,主要由热媒系统、热水供水系统、附件三部分组成。

(1)热媒系统(第一循环):由热源、水加热器和热媒管网组成。由锅炉生产的蒸汽(或高温热水)通过热媒管网送到水加热器加热冷水,经过热交换,蒸汽变成冷凝水,靠余压经疏水器流到冷凝水池,冷凝水和新补充的软化水经冷凝循环泵再送回锅炉生产蒸汽,如此循环完成热的传递作用。对于区域性热水系统不需要设置锅炉,水加热器的热媒管道和冷凝水管道直接与热力网连接。

(2)热水供水系统(第二循环系统):由热水配水管网和回水管网组成。被加热到一定温度的热水,从水加热器出来经配水系统由热水管网送到各个热水配水点,而水加热器的冷水由高位水箱或给水管网补给。为保证各用水点随时都有规定水温的热水,在立管和水平干管甚至支管设置回水管,使一定量的热水经过循环水泵流回水加热器,以补充管网所散失的热量。

(3)附件。热水供应系统附件包括蒸汽、热水控制附件及管道的连接附件,如温度自动调节器、疏水器、减压阀、安全阀、膨胀罐、管道补偿器、闸阀、水嘴、止回阀等。

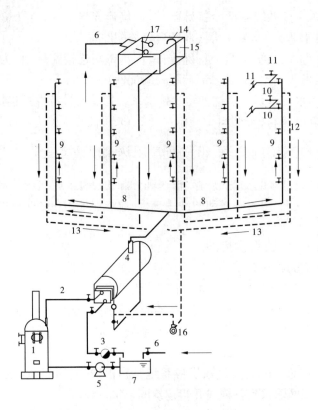

1—锅炉;2—热媒上升管(蒸汽管);3—热媒下降管(凝结水管);4—水加热器;
5—给水泵(凝结水泵);6—给水管;7—给水箱(凝结水箱);8—配水干管;
9—配水立管;10—配水支管;11—配水龙头;12—回水立管;13—回水干管;
14—透气管;15—冷水箱;16—循环水泵;17—浮球阀

图 1-9　热水供应系统的组成

1.3.2　常用热水供应方式

1.3.2.1　按热水加热方式分类

(1)直接热水。利用以燃气、燃油、燃煤为燃料的热水锅炉,把冷水直接加热到所需温度,或者是将蒸汽或高温热水通过穿孔管或喷射器直接进入冷水,混合后用以制备热水。

(2)间接加热。间接加热也称为二次换热,是将热媒通过加热器把热量传递给冷水,以达到加热冷水的目的,在加热过程中热媒与被加热水不直接接触。该方式的优点是,回收冷凝水可重复利用,只需对少量补充水进行软化处理,运行费用低,且加热时不产生噪声,蒸汽不会对热水产生污染,供水安全稳定。其适用于要求供水稳定、安全,噪声要求低的宾馆、住宅、医院、办公楼等建筑。

1.3.2.2　按热水系统是否敞开与外界接触分类

(1)开式热水供应方式。即在所有配水点关闭后,系统内的热水仍与大气相通。

(2)闭式热水供应方式。即在所有配水点关闭后,整个系统与大气隔绝,形成密闭系统。

1.3.2.3 按热水管网的循环方式分类

（1）全循环热水供应方式。指所有配水干管、立管和分支管都设有相应回水管道，如图1-10(a)所示。该方式适用于要求能随时获得设计温度热水的高标准建筑中，如高级宾馆、饭店、住宅等。

（2）半循环热水供应方式。半循环热水供应方式又分为立管循环热水供应方式和干管循环热水供应方式。立管循环热水供应方式是指热水干管和热水立管内均保持有热水的循环，如图1-10(b)所示。干管循环热水供应方式是指仅保持在热水干管的热水循环，多用于采用定时供应热水的建筑中，如图1-10(c)所示。

（3）无循环热水供应方式。无循环热水供应方式是指在热水管网中不设任何循环管道，如图1-10(d)所示。对于热水供应系统较小、使用要求不高的定时供应系统(如公共浴室、洗衣房等)可采用此方式。

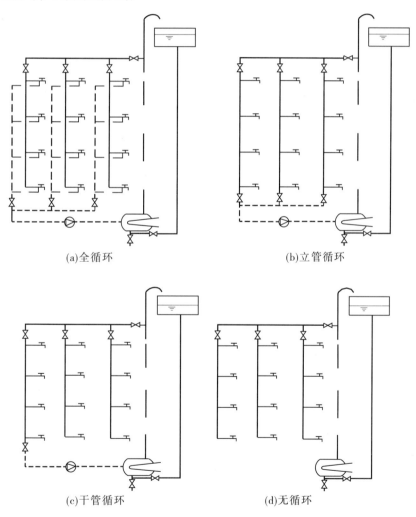

(a)全循环   (b)立管循环

(c)干管循环   (d)无循环

图 1-10 常用热水供应方式按热水管网循环方式的分类

1.3.2.4 按热水管网运行方式分类

按热水管网运行方式可分为全天循环方式和定时循环方式。

1.3.2.5 按热水管网循环动力分类

按照热水管网循环动力的不同可分为自然循环方式和机械循环方式。

(1)自然循环方式。利用热水管网和回水管网内的温度差所形成的自然循环作用水头,使管网内维持一定的循环流量,以补偿管道的热损失,保持一定的供水温度。因为一般配水管网与回水管的水温仅差 5 ~ 10 ℃,自然循环作用水头很小,所以循环效果差往往达不到设计水温,实际采用很少。

(2)机械循环方式。采用循环水泵强制热水在管网内循环,以补偿管网的热损失,维持一定水温。目前运行的热水供应系统多采用机械循环方式,如图 1-9 所示为干管下行上给机械半循环方式。

1.3.2.6 按热水配水管网水平干管位置分类

按热水配水管网水平干管的位置可分为下行上给供水方式和上行下给供水方式。

下行上给供水方式的供水干管位于管网的下部,支管向上供应各个用户,如图 1-9 所示。上行下给供水方式正好相反,供水干管网在上部,支管向下供应各个用户,如图 1-10 所示。

总之,用何种供水方式应根据建筑状况、热源供给情况、热水用量和卫生器具的设置情况来确定。

1.4 室外给水排水工程的概述

室外给水排水工程与室内给水排水工程有着非常密切的关系,其主要任务是自水源取水,进行净化处理达到用水标准后,经过管网输送,为城镇各类建筑提供所需的生活、生产、市政和消防等用水,同时把使用后的污(废)水及雨、雪水有组织地汇集起来,并输送到适当地点净化处理,在达到无害化的排放标准要求后,或排放水体,或灌溉农田,或重复使用。

1.4.1 室外给水工程

室外给水工程一般由三大部分组成,即取水工程、净水工程和输配水工程。一般以地面水为水源的城市给水系统图式如图 1-11 所示。

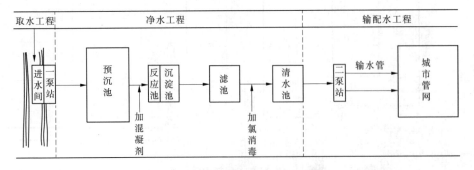

图 1-11 地面水源的城市给水系统图式

1.4.1.1 取水工程

取水工程是指从天然水源取水的一系列设施,包括水源和取水构筑物。其功能是将水源的水抽送到净水厂并进行净化。

(1)水源。给水水源可分为地面水源和地下水源两大类。地面水源是指江河水、湖泊水、水库水以及海水等。地下水源是指井水、泉水等。通常城市水源是以地面水源为主,以地下水源为辅。

(2)取水构筑物。按照水源的不同,取水构筑物分地面水取水构筑物和地下水取水构筑物。地面水取水构筑物有固定式和移动式两大类。固定式取水构筑物有河床式、岸边式和斗槽式;移动式取水构筑物有缆车式和浮船式等。地下水取水构筑物的形式与地下水埋深、含水层厚度等水文地质条件有关。常用的地下水取水构筑物有管井、大口井、辐射井、渗渠等。

1.4.1.2 净水工程

净水工程的任务就是对取水工程取来的天然水进行净化处理,去除水源水中所含的各种杂质,如地下水的各种矿物盐类,地面水中的泥沙、水草腐殖质,溶解性气体,各种盐类、细菌及病原菌等。由于用户对水质有不同要求,因此未经处理的水不能直接送往用户。以地面水源为原水,供给饮用水为目的的净水工艺流程一般包括混凝、沉淀、过滤及消毒四个部分。

1.4.1.3 输配水工程

输配水工程是将净化后的水输送至用水地区并分配到所有用户的全部设施。通常包括输水管道、配水管网以及调节构筑物等。

输水管是指从水源到净水厂或从净水厂到配水管网的管道。它只是起到输送水的作用。输水管最好沿现有道路或规划道路敷设,尽量避免穿越河谷、山脊、沼泽、重要铁道及洪水泛滥淹没的地方。

配水管网的任务是把输水管送来的水分配到各个用户。输配水工程的投资额约占整个给水系统总额的70%。因此,合理地选择管网的布置形式,是保证给水系统安全、经济、可靠地工作运行,减少基建投资成本的关键。

1.4.2 室外排水工程

水经过生产和生活活动使用后,即成为了污水。在人们的日常生活和工业生产中,会产生大量的污水、废水。其中含有大量的有毒、有害物质危害人们的健康,污染环境。我们必须对污水的排放和处理予以高度重视。室外排水工程就是用来收集、输送、处理、利用和排放城市污水和降水的综合设施。

1.4.2.1 污水的分类

按照污水的来源和性质可将污水分为以下三大类:

(1)生活污水。指人们日常生活中的盥洗、洗涤的生活污水和生活废水。按我国的实际情况,生活污水大多排入化粪池,而生活废水则直接排入室外,合流至下水道或雨水道中。

(2)工业废水。指工业生产使用过的水。

(3)雨水、雪水。雨水、雪水本来相对较清净,但流经屋面、道路和地表后,因挟带流经地区的特有物质而受到污染,排泄不畅时尚可形成水害。

1.4.2.2 室外排水系统的组成

1）生活污水排水系统的组成

（1）室内污水管网系统和设备。它包括接纳污水的各种卫生器具和室内管网系统。

（2）室外污水管网系统由支管、干管和主干管等管线组成，系统中设有检查井、跌水井、泵站等附属构筑物。

（3）污水泵站。污水一般是重力流排除，但当埋的过深或受到地形等条件限制时，需把低处的污水提升，还必须设泵站。

（4）污水处理厂。污水处理厂是为了处理和利用污水、污泥所建造的一系列处理构筑物及设施的综合体。城市污水处理厂一般设置在城市中河流的下游地段，以便于污水的最终排放。

2）雨水排水系统的组成

（1）屋面雨水管道系统和设施主要包括天沟、雨水斗和水落管及屋面雨水内排水系统。

（2）街道或厂区雨水管线系统：用来收集地面和房屋雨水管道系统排出的雨水，并将其输送到街道雨水管线中。

（3）街道雨水管线系统主要包括雨水口、检查井、跌水井及干管、支管管线等。

（4）雨水泵站：雨水一般就近排入水体，不需处理。由于雨水径流量大，一般应尽量少设和不设雨水泵站，当自流排放有困难时，设雨水泵站排水。

（5）出水口：雨水经出水口排放水体。

3）工业废水排水系统组成

工业废水排水系统主要有车间内部管道系统和设备、厂区内废水管网系统、污水泵站及压力管道、废水处理站、回收和处理废水与污泥的场所等。

1.4.2.3 室外排水系统的体制

排水体制是指对生活污水、工业废水、雨水所采取的汇集方式。一般分为合流制与分流制两种类型。合流制是将生活污水、工业废水和雨水由同一个管渠系统来汇集排除的排水系统，如图1-12（a）所示。分流制是将生活污水、工业废水和雨水分别在两个或两个以上各自独立的管渠内排除的排水系统，如图1-12（b）所示。

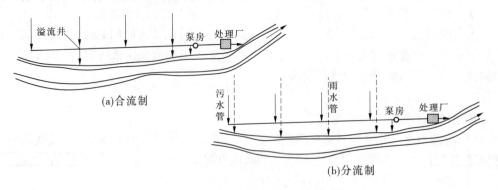

图1-12 合流制与分流制排水系统图

思考题

1. 建筑给水系统一般由哪些部分组成？
2. 建筑给水系统的给水方式有哪几种？各适用于什么条件？
3. 试述建筑内排水系统的主要组成及其作用。
4. 各类热水供应系统具有什么特点？常用于何处？
5. 室外给水排水工程的主要任务是什么？
6. 室外给水系统的组成和生活饮用水的常规处理工艺是什么？
7. 室外给水排水工程由哪几部分组成？各起什么作用？
8. 室外排水系统有哪几种体制？如何进行选择？

任务 2　建筑给水排水工程的常用材料及设备

2.1　建筑给水排水工程常用管材、管件

2.1.1　建筑给水排水工程常用管材

2.1.1.1　建筑给水工程常用管材及连接方式

建筑给水工程常用的管材类型有金属管、复合管、塑料管。

1）金属管

(1)焊接钢管。焊接钢管又分镀锌钢管和非镀锌钢管。钢管镀锌的目的是防锈、防腐,不使水质变坏,延长其使用年限。生活用水管采用镀锌钢管(DN < 150 mm),普通焊接钢管一般用于工作压力不超过 1.0 MPa 的管路中;加厚焊接钢管一般用于工作压力介于 1.0 ~ 1.6 MPa 的范围内。焊接钢管的直径用公称直径"DN"表示,单位为 mm(如 DN50)。

(2)无缝钢管。承压能力较高,在工作压力超过 1.6 MPa 的高层和超高层建筑给水工程中应采用无缝钢管。无缝钢管的直径用管外径×壁厚表示,符号为 $D×δ$,单位为 mm(如 159×4.5)。

(3)铸铁管。铸铁管具有耐腐蚀性强、使用期长、价格低等优点,但是管壁厚、重量大、质脆、强度较钢管差,适用于埋地敷设。按材质分为灰口铁管、球墨铸铁管(最为常用)及高硅铁管。铸铁管的直径用公称直径"DN"表示,单位为 mm(如 DN50)。

2）复合管

复合管是金属与塑料混合型管材,有铝塑复合管和钢塑复合管两类。钢塑复合管由普通镀锌钢管和管件以及 ABS、PVC、PE 等工程塑料管道复合而成,钢骨架复合管由钢丝和工程塑料管道复合而成。复合管的直径用公称直径"DN"表示,单位为 mm(如 DN50)。

3）塑料管

塑料管有优良的化学稳定性,耐腐蚀,不受酸、碱、盐、油类等物质的侵蚀,安装方便,连接可靠,不燃烧,无不良气味,质轻而坚,比重仅为钢的五分之一。塑料管管壁光滑,容

易切割,并可制成各种颜色,尤其是代替金属管材可节省金属。塑料管的直径用公称直径"DN"表示,单位为mm(如DN50);也可用公称外径(De)×壁厚(e)表示。常用给水塑料管的性能比较见表1-1。

表1-1 常用给水塑料管的性能比较

管材种类	硬聚氯乙烯管	聚乙烯	交联聚乙烯	聚丁烯	聚丙烯
符号	UPVC	PE	PEX	PB	PPR
工作温度(℃)	$-5 \leqslant t \leqslant 45$	$-50 \leqslant t \leqslant 65$	$-75 \leqslant t \leqslant 110$	$-30 \leqslant t \leqslant 110$	$-5 \leqslant t \leqslant 95$
使用年限(年)	50	50	50	70	50
主要连接方式	黏结	热熔、电熔	挤压	挤压	热熔、电熔
接头可靠性	一般	较好	好	较好	较好
产生二次污染	可能有	无	无	无	无
综合费用	约占镀锌钢管的60%	约为镀锌钢管的1.2倍	约为镀锌钢管的2倍	约为镀锌钢管的3倍	约为镀锌钢管的1.5倍

4)给水管材的连接方法

(1)钢管及钢塑复合管有螺纹连接、法兰连接和卡箍连接三种连接方法。

①螺纹连接。用于管径DN≤80 mm的管道。

②法兰连接。用于在较大管径的管道上(DN≥50 mm),常将法兰盘焊接或用螺纹连接在管端,再以螺栓连接它。法兰连接一般用在连接闸阀、止回阀、水泵、水表等处,以及需要经常拆卸、检修的管段上。

③卡箍连接。用于管径DN>80 mm的管道。

(2)铸铁管有承插连接和法兰连接两种连接方法。

承插接口应用最广泛,但施工强度大。在经常拆卸的部位应采用法兰连接,但法兰接口只用于明敷管道。

(3)钢骨架复合管有热熔连接和法兰连接两种连接方法。

热熔连接应用最广泛,法兰连接一般用在连接闸阀、止回阀、水泵、水表等处,以及需要经常拆卸、检修的管段上。

(4)塑料管的连接方法有螺纹连接、热熔连接、法兰连接、黏结,具体见表1-1。

2.1.1.2 建筑排水工程常用管材及连接方式

建筑排水常用的管材类型有排水铸铁管、硬聚氯乙烯塑料管、塑料双壁波纹管。

(1)排水铸铁管:管径一般为50～200 mm。目前,球墨铸铁排水管多用于室内排水系统。球墨铸铁排水管为不锈钢卡箍连接、承插连接。

(2)硬聚氯乙烯塑料管(UPVC):具有优良的化学稳定性、耐腐蚀性。主要优点是物理性能好、质轻、管壁光滑、水头损失少、容易加工及施工方便等。目前,我国建筑行业中广泛用它做生活污水、雨水的排水管,亦可用作酸碱性生产污水、化学实验室的排水管。由于硬聚氯乙烯塑料管在高温下容易老化,因此它适用于建筑物内连续排放温度不大于

40 ℃,瞬时排放温度不大于 80 ℃的污水管道。硬聚氯乙烯塑料管为聚氯乙烯插黏结。

（3）聚氯乙烯（PVC）、高密度聚乙烯（HDPE）双壁波纹管：双壁波纹管采用直接挤出成型，管壁纵截面由两层结构组成，外层为波纹状，内层光滑，该管材有较好的外荷载承受能力。管材按环刚度分级为 S0、S1、S2、S3 四级，其相应的环刚度分别为 2 kN/m²、4 kN/m²、8 kN/m²、16 kN/m²。连接方式采用热熔、承插连接。

（4）混凝土管。

2.1.2　建筑给水排水工程常用管件

（1）给水工程常用管件。建筑给水工程中常用的钢管管件如图 1-13 所示。给水塑料管及复合管的管件与钢管相同。

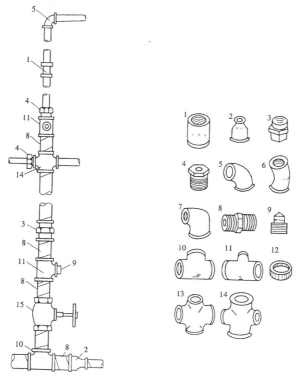

1—管箍；2—异径管箍；3—活接头；4—补心；5—90°弯头；6—45°弯头；7—90°异径弯头；8—内管箍；
9—管堵；10—等径三通；11—异径三通；12—根母；13—等径四通；14—异径四通；15—阀门

图 1-13　常用钢管管件

（2）排水工程常用管件。建筑排水工程中常用排水管管件如图 1-14 所示。

2.2　建筑给水排水工程常用附件

2.2.1　建筑给水工程常用附件

建筑给水附件是安装在管道及设备上的具有启闭或调节功能的装置，分为配水附件和控制附件两大类。

（1）配水附件。配水附件主要是用以调节和分配水流。常用的配水附件见图 1-15。

①球形阀式配水龙头：装设在洗涤盆、污水盆、盥洗槽上的水龙头均属此类。水流经

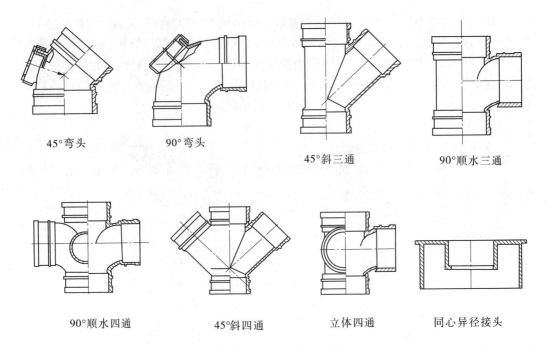

| 45°弯头 | 90°弯头 | 45°斜三通 | 90°顺水三通 |

| 90°顺水四通 | 45°斜四通 | 立体四通 | 同心异径接头 |

图 1-14 常用排水管管件

过此种龙头因改变流向,故压力损失较大,如图 1-15(a)所示。

②旋塞式配水龙头:这种水龙头的旋塞旋转 90°时,即完全开启,短时间可获得较大的流量。由于水流呈直线通过,其阻力较小。缺点是启闭迅速时易产生水锤。一般用于浴池、洗衣房、开水间等配水点处,如图 1-15(b)所示。

③盥洗龙头:装设在洗脸盆上,用于专门供给冷水、热水。有莲蓬头式、角式、长脖式等多种形式,如图 1-15(c)所示。

④混合配水龙头:用以调节冷水、热水的温度,如盥洗、洗涤、浴用等,其式样较多,如图 1-15(d)、(e)所示。

此外,还有小便器角形水龙头、皮带水龙头、电子自控水龙头等,如图 1-15(f)所示。

(2)控制附件。控制附件用来调节水量和水压,关断水流等。如截止阀、闸阀、止回阀、浮球阀和安全阀等,常用控制附件见图 1-16。

①截止阀,如图 1-16(a)所示。此阀关闭严密,但水流阻力较大,用于管径不大于 50 mm 或经常启闭的管段上。

②闸阀,如图 1-16(b)所示。此阀全开时水流呈直线通过,阻力较小。但若有杂质落入阀座后,会使阀关闭不严,因而易产生磨损和漏水。当管径在 50 mm 以上时采用闸阀。

③蝶阀,如图 1-16(c)所示。阀板在 90°翻转范围内起调节、节流和关闭作用,其操作扭矩小,启闭方便,体积较小。适用于管径在 70 mm 以上或双向流动的管道上。

④止回阀。止回阀用以阻止水流反向流动。常用的有四种类型:一是旋启式止回阀,如图 1-16(d)所示。此阀在水平、垂直管道上均可设置,其启闭迅速,易引起水击,不宜在压力大的管道系统中采用。二是升降式止回阀,如图 1-16(e)所示。此阀是靠上下游压力差使阀盘自动启闭。水流阻力较大,宜用于小管径的水平管道上。三是消声止回阀,如

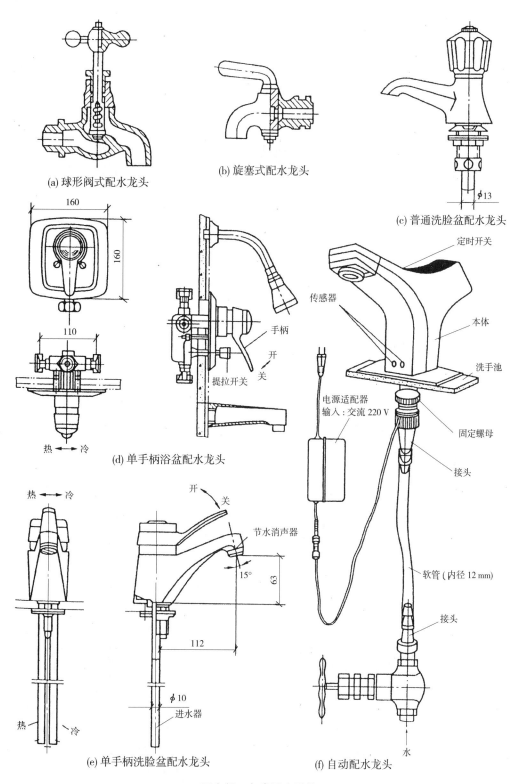

(a) 球形阀式配水龙头

(b) 旋塞式配水龙头

(c) 普通洗脸盆配水龙头

(d) 单手柄浴盆配水龙头

(e) 单手柄洗脸盆配水龙头

(f) 自动配水龙头

图 1-15 各类配水附件

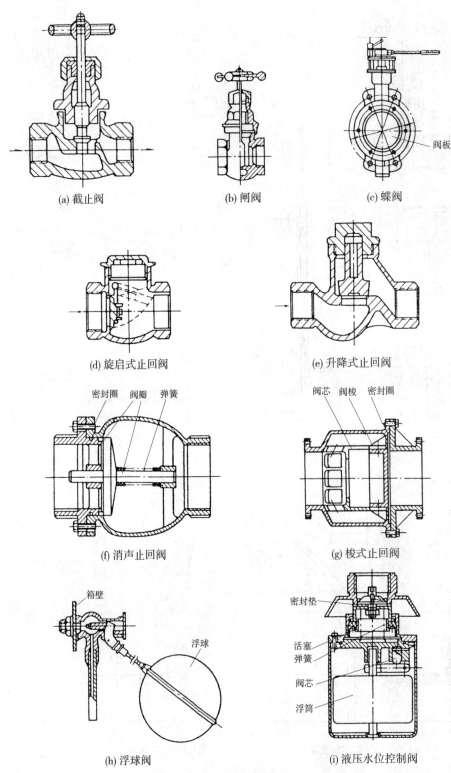

(a) 截止阀　　　　　　(b) 闸阀　　　　　　　(c) 蝶阀

阀板

(d) 旋启式止回阀　　　　　　　(e) 升降式止回阀

密封圈　阀瓣　弹簧　　　　　　阀芯　阀梭　密封圈

(f) 消声止回阀　　　　　　　　(g) 梭式止回阀

箱壁　　　　　　　　　　　密封垫

浮球　　　　　　　　　　　　活塞
　　　　　　　　　　　　　　弹簧
　　　　　　　　　　　　　　阀芯
　　　　　　　　　　　　　　浮筒

(h) 浮球阀　　　　　　　　　(i) 液压水位控制阀

图 1-16　各类阀门

图1-16（f）所示。此阀是当水流向前流动时,推动阀瓣压缩弹簧,阀门打开。当水流停止流动时,阀瓣在弹簧作用下在水击到来前即关闭,可消除阀门关闭时的水击冲击和噪声。四是梭式止回阀,如图1-16（g）所示。此阀是利用压差梭动原理制造的止回阀,它不但水流阻力小,而且密闭性能好。

⑤浮球阀和液压水位控制阀。浮球阀是一种用以自动控制水箱、水池水位的阀门,可防止溢流浪费,如图1-16（h）所示为其一种类型。与浮球阀功能相同的还有液压水位控制阀,如图1-16（i）所示。它克服了浮球阀的弊端,是浮球阀的升级换代产品。

⑥减压阀。减压阀的作用是降低水流压力。减压阀常用的有两种类型,即弹簧式减压阀和活塞式减压阀。

⑦安全阀。安全阀是一种保安器材。管网中安装此阀可以避免管网、用具或密闭水箱超压遭到破坏。一般有弹簧式和杠杆式两种。

除上述各种控制阀外,还有脚踏阀、液压式脚踏阀、水力控制阀、弹性座封闸阀、静音式止回阀等。

2.2.2 建筑排水工程常用附件

建筑排水工程常用附件有以下几种:

（1）地漏。地漏主要用来排除地面积水。地漏应设置于地面最低处,其箅子顶面应比地面低5～10 mm,并且地面有不小于0.01的坡度坡向地漏,地漏见图1-17。

图1-17 排水工程常用附件

（2）存水弯。存水弯是一种弯管,在里面存有一定深度的水,这个深度称为水封深度。水封可防止排水管网中产生的臭气、有害气体或可燃气体通过卫生器具进入室内。每个卫生器具都必须装设存水弯,有的设在卫生器具的排水管上,有的直接设在卫生器具的内部。常用的存水弯有P型和S型两种,水封深度一般在50～80 mm,见图1-17。

（3）清扫口。清扫口是一种安装在排水横管上,用于清通排水横管的附件,见图1-17。

（4）检查口。检查口是一种带有可开启检查盖的,装设在排水立管及较长横管段上的附件,见图1-17。

(5)伸缩节。伸缩节是一种可以伸缩的装设在排水立管及较长横管段上的附件。

(6)雨水斗。雨水斗是一种用来收集屋面雨水,具有泄水、稳定天沟水位、减少掺气量及拦阻杂物作用,伸缩地装设在排水立管及较长横管段上的附件,见图1-17。

2.3 建筑给水排水工程常用设备

室外给水管网的水压或流量经常或间断不足,有时不能满足室内给水要求,应设增压与调节设备。常用的设备有水箱、水泵、贮水池和气压给水装置。

2.3.1 水箱

根据不同用途,水箱可分为高位水箱、减压水箱、冲洗水箱等多种类型。其形状多为矩形和圆形,制作材料有钢板(包括普通、搪瓷、镀锌、复合与不锈钢板等)、钢筋混凝土、玻璃钢和塑料等。这里主要介绍在给水系统中使用较广的,起到保证水压和贮存、调节水量的高位水箱,其主要配管与附件如图1-18所示。

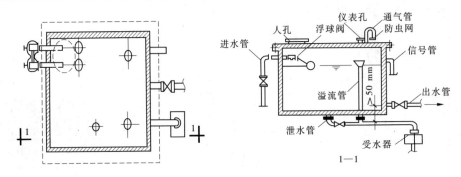

图1-18 水箱配管示意图

(1)进水管。当水箱直接由室外给水管网进水时,为防止溢流,进水管出口应装设液压水位控制阀或浮球阀,并在进水管上装设检修用的阀门。若采用浮球阀一般不少于2个,浮球阀直径与进水管管径相同。从侧壁进入的进水管,其中心距箱顶应有150~200 mm的距离。当水箱由水泵供水,并利用水位升降自动控制水泵运行时,可不设水位控制阀。

(2)出水管。出水管可从侧壁或底部接出,出水管内底或管口应高出水箱内底至少50 mm,以防沉淀物进入配水管网。若进水、出水合用一根管道,则应在出水管上装设阻力较小的旋启式止回阀,止回阀的标高应低于水箱最低水位1.0 m以上,以保证止回阀开启所需的压力。

(3)溢流管。水箱溢流管可从底部或侧壁接出,溢流管口应设在水箱设计最高水位50 mm以上处,管径应比进水管大一级。溢流管上不允许设置阀门,溢流管出口应设网罩。

(4)水位信号装置。它是反映水位控制阀失灵报警的装置。可在溢流管口下10 mm处设信号管。其管径为15~20 mm。若水箱液位与水泵联锁,则应在水箱侧壁或顶盖上安装液位继电器或信号器,采用自动水位报警装置,并应保持一定的安全容积,即最高电控水位应低于溢流水位100 mm,最低电控水位应高于最低设计水位200 mm以上。

（5）泄水管。水箱泄水管应自底部接出，用于检修或清洗时泄水，管上应装设闸阀，其出口可与溢水管相接，但不得与排水系统直接相连，其管径为 40 ~ 50 mm。

（6）通气管。供生活饮用水的水箱，当贮量较大时，宜在箱盖上设通气管，以使箱内空气流通。其管径一般 ≥ 50 mm，管口应朝下并设网罩。

（7）人孔。为便于清洗、检修，箱盖上应设人孔。

2.3.2 水箱的布置与安装

水箱一般设置在净高不低于 2.2 m，有良好的通风、采光和防蚊蝇条件的水箱间内，其安装间距见表 1-2。

表 1-2 水箱的安装间距

水箱形式	水箱至墙面距离（m）		水箱之间的净距（m）	水箱顶至建筑结构最低点的距离（m）
	有阀侧	无阀侧		
圆形	0.8	0.5	0.7	0.6
矩形	1.0	0.7	0.7	0.6

注：1. 当水箱按表中规定布置有困难时，允许水箱之间或水箱与墙壁之间的一面不留检修通道。
2. 表中有阀或无阀指有液压水位控制阀或浮球阀。

2.3.3 水泵

水泵是给水系统中的主要增压设备。在建筑内部的给水系统中，一般采用离心式水泵。离心式水泵按叶轮的数量分为单级泵和多级泵（泵轴上连有两个或两个以上的叶轮，有几个叶轮就叫几级泵）；按水泵泵轴所处的位置分为卧式泵（泵轴与水平面平行）和立式泵（泵轴与水平面垂直）。

离心式水泵的管路有压水管、吸水管两条管路。压水管是将水泵压出的水送到需要的地方，管路上应安装闸阀、止回阀、压力表。吸水管是由水池至水泵吸水口之间的管道，将水由水池送至水泵内，管路上应安装吸水底阀和真空表，如水泵安装得比水池液面低时，用闸阀代替吸水底阀，用压力表（正压表）代替真空表。水泵工作管路的附件可简称为一泵、二表、三阀。

离心式水泵的基本性能参数如下：

（1）流量。指水泵在单位时间内所输送水的体积，以符号 Q 表示，单位为 m^3/h。

（2）扬程。指单位重量的水通过水泵所获得的能量，以符号 H 表示，单位为 Pa 或 mH_2O。

（3）功率。是指水泵在单位时间内所做的功，以符号 N 表示，单位为 kW。

（4）效率。指水泵功率与电机加在泵轴上的功率之比，以符号 η 表示，用百分数表示。水泵的效率越高，说明泵所做的有用功越多，损耗的能量就越少，水泵的性能就越好。

（5）转速。指泵的叶轮每分钟的转数，以符号 n 表示，单位为 r/min。

（6）允许吸上真空高度。指水泵运转时，吸水口前允许产生真空度的数值，以符号 h 表示，单位为 Pa 或 mH_2O，允许吸上真空高度是确定水泵安装高度的参数。

在以上几个参数中，流量和扬程表明了水泵的工作能力，是水泵最主要的性能参数。

思考题

1. 常用的建筑给水管材有哪些？其连接方式是什么？

2.建筑内部给水附件有哪些?适用条件如何?

3.常用的建筑排水管材有哪些?其连接方式是什么?

4.建筑内部排水附件有哪些?适用条件如何?

任务3 建筑消防工程的基本知识

3.1 室内消火栓系统的组成及常用给水系统

室内消火栓是建筑物内的一种固定消防供水设备,平时与室内消防给水管线连接,遇有火灾时,将水带一端的接口接在消火栓出水口上,把手轮按开启方向旋转即能射水灭火。室内消火栓是建筑防火设计中应用最普遍、最基本的消防设施。

建筑内部消火栓给水系统一般由水枪、水带、消火栓、消火水池、消防管道、水源等组成,必要时还要设置水泵、水箱和水泵接合器等。

根据建筑物的高度,室外给水管网的水压和流量,以及室内消防管道对水压和流量的要求,室内消火栓灭火系统一般有以下几种给水方式。

3.1.1 室外管网直接给水的室内消火栓给水系统

当室外给水管网的压力和流量在任何时间能满足室内最不利点消火栓的设计水压和流量时,室内消火栓给水系统宜采用无加压水泵和水箱的室外给水管网直接给水方式,如图 1-19 所示。当选用这种方式,且与室内生活(或生产)合用管网时,进水管上若设有水表,则选用水表时应考虑通过的消防水量。

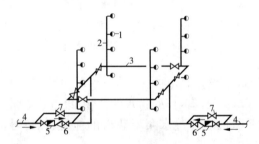

1—室内消火栓;2—消防立管;3—干管;4—进户管;
5—水表;6—止回阀;7—阀门

图 1-19 直接给水的室内消火栓给水系统

3.1.2 仅设水箱的消火栓给水方式

当室外给水管网一日间压力变化较大,但能满足室内消防、生活或生产用水量的要求时,可采用这种方式(见图 1-20)。水箱可以和生产、生活用水合用,但必须保证消防 10 min 储存的备用水量。

3.1.3 设加压水泵和水箱的室内消火栓给水系统

当室外管网的压力和流量经常不能满足室内消防给水系统所需的水量水压时,宜设有加压水泵和水箱的室内消火栓给水系统,如图 1-21 所示。

3.1.4　不分区的消火栓给水系统

建筑物高度大于 24 m 但不超过 50 m,室内消火栓接口处静水压力不超过 1.0 MPa 的工业和民用建筑室内消火栓给水系统,仍可由消防车通过水泵接合器向室内管网供水,以加强室内消防给水系统工作。因此,可以采用不分区的消火栓给水系统,如图 1-22 所示。

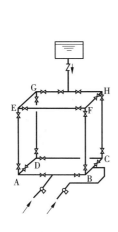

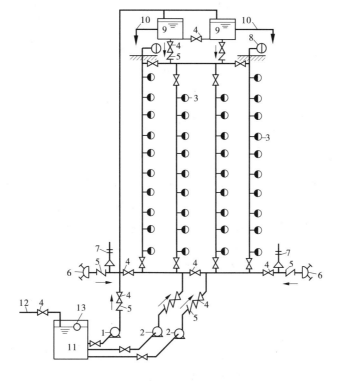

1—室内消火栓;2—消防立管;3—干管;4—进户管;
5—水表;6—阀门;7—止回阀;
8—水箱;9—水泵;10—水泵接合器;11—安全阀

图 1-20　仅设水箱的消火栓给水方式　　图 1-21　设加压水泵和水箱的室内消火栓给水系统

1—生活、生产水泵;2—消防水泵;3—消火栓和水泵远距离启动按钮;4—阀门;5—止回阀;6—水泵接合器;
7—安全阀;8—屋顶消火栓;9—高位水箱;10—至生活、生产管网;11—蓄水池;12—来自城市管网;13—浮球阀

图 1-22　不分区的消火栓给水系统

3.1.5 分区消火栓给水系统

当建筑物高度超过 50 m 时,消防车已难于协助灭火,室内消火栓给水系统应具有扑灭建筑物内大火的能力,为了加强安全和保证火场供水,应采用分区的室内消火栓给水系统。当消火栓口的出水压力大于 0.5 MPa 时,应采取减压措施。

分区消火栓给水系统可分为并联给水方式(见图 1-23(a))、串联给水方式(见图 1-23(b))和分区减压给水方式(见图 1-24)。

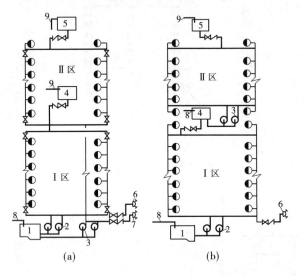

1—蓄水池;2—Ⅰ区消防水泵;3—Ⅱ区消防水泵;
4—Ⅰ区水箱;5—Ⅱ区水箱;6—Ⅰ区水泵接合器;
7—Ⅱ区水泵接合器;8—水池进水管;9—水箱进水管

图 1-23　分区消火栓给水系统

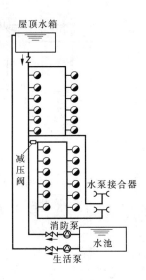

图 1-24　分区减压给水方式

3.2　室内自动喷水灭火系统的分类、组成

自动喷水灭火系统是一种固定形式的自动灭火装置。系统的喷头以适当的间距和高度安装于建筑物、构筑物内部。当建筑物内发生火灾时,喷头会自动开启灭火,同时发出火警信号,启动消防水泵从水源抽水灭火。自动喷水灭火系统由水源、加压储水设备、喷头、管网、报警装置等组成。

自动喷水灭火系统可分为闭式自动喷水灭火系统和开式自动喷水灭火系统。

3.2.1　闭式自动喷水灭火系统

闭式自动喷水灭火系统主要分为湿式自动喷水灭火系统、干式自动喷水灭火系统、预作用自动喷水灭火系统和重复启闭预作用系统。

(1)湿式自动喷水灭火系统。喷水管网中经常充满有压力的水,发生火灾时,高温火焰或高温气流使闭式喷头的热敏感元件动作,闭式喷头自动打开喷水灭火。湿式自动喷水灭火系统如图 1-25 所示,这种系统适用于常年室内温度不低于 4 ℃,且不高于 70 ℃ 的建筑物、构筑物内。

(2)干式自动喷水灭火系统。该系统主要由闭式喷头、管路系统、报警装置、干式报

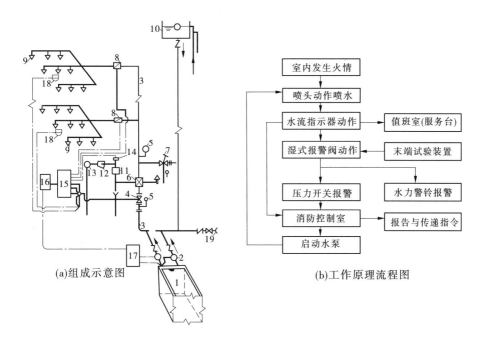

(a)组成示意图　　　　　　(b)工作原理流程图

1—消防水池;2—消防泵;3—管网;4—控制蝶阀;5—压力表;6—湿式报警阀;7—泄放试验阀;
8—水流指示器;9—喷头;10—高位水箱、稳压泵或气压给水设备;11—延时器;12—过滤器;
13—水力警铃;14—压力开关;15—报警控制器;16—非标控制箱;17—水泵启动箱;18—探测器;19—水泵接合器

图 1-25　湿式自动喷水灭火系统

警阀、充气设备及供水系统组成。由于在报警阀上部管路中充有有压气体,故称干式自动喷水灭火系统,如图 1-26 所示。

(3)预作用自动喷水灭火系统。该系统主要由火灾探测系统、闭式喷头、预作用阀、报警装置及供水系统组成。预作用喷水灭火系统将火灾自动探测控制技术和自动喷水灭火技术相结合,系统平时处于干式状态,当发生火灾时,能对火灾进行初期警报,同时迅速向管网充水,使系统成为湿式状态,进而喷水灭火。系统的这种转变过程包含着预备动作的作用,故称预作用自动喷水灭火系统。

(4)重复启闭预作用系统。重复启闭预作用系统是在预作用系统的基础上发展起来的一种自动喷水灭火系统新技术。该系统不但能自动喷水灭火,而且当火被扑灭后又能自动关闭系统。这种系统在灭火时尽量减少水的破坏力,但不失去灭火的功能。

3.2.2　开式自动喷水灭火系统

开式自动喷水灭火系统由开式喷头、管道系统、雨淋阀、火灾探测装置、报警控制组件和供水设施等组成。根据喷头形式和使用目的的不同,该系统可分为雨淋喷水灭火系统、水幕系统、水喷雾灭火系统。

(1)雨淋喷水灭火系统。雨淋喷水灭火系统由开式喷头、管道系统、雨淋阀、火灾探测器、报警控制装置、控制组件和供水设备等组成。雨淋喷水灭火系统出水迅速,喷水量大,覆盖面积大,其降温和灭火效率显著。

(2)水幕系统。水幕系统不直接扑灭火灾,而是阻挡火焰热气流和热辐射向临近保

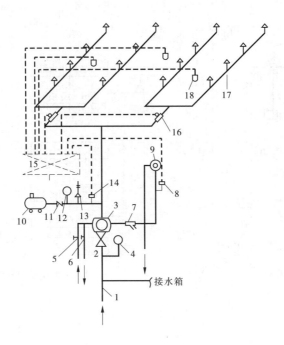

1—供水管;2—闸阀;3—干式阀;4—压力表;5、6—截止阀;7—过滤器;8—压力开关;
9—水力警铃;10—空压机;11—止回阀;12—压力表;13—安全阀;14—压力开关;
15—火灾报警控制箱;16—水流指示器;17—闭式喷头;18—火灾探测器

图 1-26　干式自动喷水灭火系统

护区扩散,起到防火分隔的作用。

（3）水喷雾灭火系统。水喷雾灭火系统利用喷雾喷头在一定压力下将水流分解成粒径在 $100 \sim 700 \ \mu m$ 的细小雾滴,通过表面冷却、窒息、乳化、稀释的共同作用实现灭火和防护,保护对象主要是火灾危险性大、扑救困难的专用设施或设备。

3.3　室内火灾自动报警系统

3.3.1　火灾自动报警系统的基本类型

火灾自动报警系统是用于尽早探测初期火灾并发出警报,以便采取相应措施(如疏散人员,呼叫消防队,启动灭火系统,操作防火门、防火卷帘、防烟、排烟风机等)的系统。

火灾自动报警系统是由触发装置、火灾报警装置、火灾警报装置及电源等四部分组成的通报火灾发生的全套设备。

火灾自动报警系统基本类型有区域报警系统、集中报警系统和控制中心报警系统。

（1）区域报警系统。由火灾探测器、手动报警器、区域控制器或通用控制器、火灾报警装置等构成。这种系统形式适合于小型建筑等对象单独使用,报警区域内最多不得超过 3 台区域控制器;若多于 3 台,应考虑使用集中报警系统。

（2）集中报警系统。由火灾报警器、区域控制器或通用控制器和集中控制器等组成。集中报警系统适用于高层的宾馆、写字楼等。

（3）控制中心报警系统。由设置在消防控制室的消防控制设备、集中控制器、区域控

· 26 ·

制器和火灾探测器等组成,或由消防控制设备、环状布置的多台通用控制器和火灾探测器等组成。控制中心报警系统适用于大型建筑群、高层及超高层建筑、商场、宾馆、公寓综合楼等,可对各类设在建筑中的消防设备实现联动控制和手动/自动转换。一般控制中心报警系统是智能型建筑中消防系统的主要类型,是楼宇自动化系统的重要组成部分。

3.3.2 多线制系统与总线制系统

火灾自动报警系统按照其火灾探测器和各种功能模块与火灾报警控制器的连接方式,结合火灾探测器本身的结构和电子线路设计,分为多线制和总线制两种系统形式。

多线制系统形式与火灾探测器的早期设计、探测器与控制器的连接方式等有关,每个探测器需要两条或更多条导线与控制器相连接,以发出每个点的火灾报警信号。简而言之,多线制的探测器与控制器是采用硬线一一对应的关系,每一个探测点便需要一组硬线对应到控制器,依靠直流信号工作和检测。多线制系统的线制可表示为 $an + b$,其中 n 是探测器数,a 和 b 为定系数,$a = 1$、2,$b = 1$、2、4。可见,有 $2n + 2$、$n + 1$ 等线制。多线制系统设计、施工与维护复杂,已逐渐被淘汰。

总线制系统形式是在多线制系统形式的基础上发展起来的。随着微电子器件、数字脉冲电路及微型计算机应用技术等用于火灾自动报警系统,改变了以往多线制系统的直流巡检功能,代之以使用数字脉冲巡检和信息压缩传输,采用大量编码及译码逻辑电路来实现探测器与控制器的协议通信,大大减少了系统线制,带来了工程布线灵活性,并形成支状和环状两种布线结构。总线制系统的线制也可表示为 $an + b$,其中 n 是使用的探测器数,$a = 0$,$b = 2$、4、6 等;当前使用较多的是两总线系统和四总线系统两种形式。

3.3.3 智能型火灾报警系统

智能型火灾报警系统主要体现在两个方面:一是作为探测的先导——探测器本身比普通的探测器有了较大的改进,设置了能准确判别火情的处理电路;二是系统的主机引入了人工智能组织逻辑系统,使主机处理各种信号、区别真伪报警的能力大为增强。

3.3.3.1 智能探测器

常规的探测器都是由其本身来探测火情,自行解决报警的情况,报警主机只提供有限的接收信号及验证功能。

3.3.3.2 智能型火灾报警控制装置

智能型火灾报警控制装置,其主要的接收报警,控制消防设施的功能、任务基本一致,差别主要体现在装置的技术先进性及对火情判断的准确性。如某些智能装置,其从接收到的探测器所在环境的烟浓度或温度对时间变化的数据,然后根据内置的智能数据库内有关火灾形态资料收集回来的数据进行分析比较才决定接收来的资料是否显示有真正火情,从而作出报警决定。同时装置对其他系统元件,包括模拟显示屏、输入/输出界面单元、手动报警器等的连接、处理、控制亦较传统装置来得方便、可靠。

3.3.3.3 系统的主要功能及工作方式

当火灾发生时,在火灾的初期阶段,火灾探测器(感温、感烟、感可燃气体等)根据现场探测到的情况,首先将动作发信给各所在区域的报警显示器及消防控制室的系统主机(当系统是不设区域报警显示器时,将直接发信给系统主机),当人员发现后,用手动报警器或消防专用电话报警给系统主机。

消防系统主机在收到报警信号后,首先将迅速进行火情确认,当确认火情后,系统主机将根据火情及时作出一系列预定的动作指令,诸如及时开启着火层及上下关联层的疏散警铃,消防广播通知人员尽快疏散,同时打开着火层及上下关联层电梯前室、楼梯前室的正压送风及走道内的排烟系统,在开启防排烟系统的同时停止空调机、抽风机、送风机的运行,同时启动消防泵、喷淋泵,水喷淋动作,开启紧急诱导照明灯,迫降电梯回底层,普通电梯停止运行,消防电梯投入紧急运行。

此时,消防报警控制系统主机对各过程报警、消防进程将有明确监控。

如果所设置的火灾自动报警控制系统是智能的,那么整个系统将是以计算机数据处理传输作为系统的信息报警和自动控制。系统将利用智能类比式探测器,在所监控的环境范围中采集烟浓度或温度对时间变化的综合信息数据,并与系统主机数据库中存有的大量火情资料进行分析比较,迅速分清信号是真实火情所致还是环境干扰的误报(这在常规探测系统中是难以办到的),从而准确地发出实时火情状态警报。

不同的建筑物,其使用性质、重要性、位置环境条件、火灾所带来的危害程度、管理模式各有不同,其所构成的火灾报警控制系统方式也不同,应有和它的性质、等级相配的系统与其相适应。所以,设计人员在设计时应首先认真分析工程的建筑规模、用途、性质、等级等条件,从而确定并构成预期相适应的火灾自动报警控制装置。

3.3.3.4 火灾自动报警系统的基本要求

火灾的早期发现和补救具有极其重要的意义,它能将损失限制在最小范围,且防止造成灾害。基于这种思想,我国消防标准对火灾自动报警系统及其系列产品提出了以下基本要求:

(1)确保火灾探测和报警功能,保证不漏报。

(2)减少环境因素影响,减少系统误报率。

(3)确保系统工作稳定,信号传输准确可靠。

(4)系统的灵活性、兼容性强,成系列。

(5)系统的工程适应性强,布线简单、灵活。

(6)系统应变能力强,调试、管理、维护方便。

(7)系统性能价格比高。

(8)系统联动控制方式有效、多样。

思考题

1. 室内消防给水系统的主要任务是什么?

2. 室内消防给水系统可分几类? 各有什么用途?

3. 室内消防栓给水系统主要由哪几部分组成? 分别有什么作用?

4. 简述室内自动喷淋消防给水系统的分类,其主要特点及适用场合。

5. 高层建筑室内消防给水系统有哪些特点?

6. 高层建筑室内消防给水系统为什么要进行竖向分区? 常用的分区方式有几种?

7. 室内消防给水系统的常用管材有哪些? 它们的主要特点是什么? 采用什么方式连接?

8. 闭式自动喷水灭火系统有哪几种类型? 各自的主要特点是什么? 分别适用于什么场合?

9. 开式自动喷水灭火系统与闭式自动喷水灭火系统有哪些相同和不同之处?

10. 开式自动喷水灭火系统有哪几种类型? 各自的主要特点是什么? 分别适用于什么场合?

11. 室内火灾自动报警系统的基本类型有哪些?

任务4　消防系统工程常用材料及设备

4.1　消防系统工程常用管材、管件

4.1.1　消防给水管材的种类

4.1.1.1　球墨铸铁给水管

球墨铸铁给水管主要用于自动喷水灭火系统报警阀前的埋地管道及消火栓系统的埋地管道。球墨铸铁给水管分类如下:

(1)按口径分为 DN40～DN2 600 共 30 种规格,消防工程常用的管材为 DN40～DN250。

(2)按对接形式分为滑入式(T 型)、机械式(K 型、NⅡ型、SⅡ型)和法兰式。

(3)法兰式的对接方式根据标准壁厚级别、DN 和 PN 可分为离心铸造焊接法兰管、离心铸造螺纹法兰管和整体铸造法兰管。

(4)其管材承压分别为 PN10、PN16、PN25 和 PN40 等级别。

4.1.1.2　低压流体输送焊接钢管

低压流体输送焊接钢管有普通焊接钢管、热浸镀锌焊接钢管。

(1)普通焊接钢管的适用范围:消火栓给水系统的埋地、架空管道,自动喷水灭火系统和水喷雾灭火系统报警阀前的埋地、架空管道。在报警阀前要求加设过滤器;焊接钢管埋地应按有关要求做防腐处理,否则易产生锈蚀,影响使用寿命。

(2)热浸镀锌焊接钢管的适用范围:消火栓给水系统、自动喷淋灭火系统和水喷雾灭火系统的埋地、架空管道。热浸镀锌焊接钢管埋地时也应考虑防腐措施。

(3)焊接钢管规格及最大工作压力:普通焊接钢管与热浸镀锌焊接钢管按其壁厚分为普通钢管和加厚钢管。热浸镀锌焊接钢管规格为 DN6～DN150;公称直径大于 DN150 的焊接钢管规格详见《低压流体输送用焊接钢管》(GB/T 3091—2008);当大于 DN150 的焊接钢管需要防腐时,应进行镀锌加工。

4.1.1.3　无缝钢管

无缝钢管有热轧无缝钢管和冷轧无缝钢管。常用于消防给水系统,作为主干管或系统下部工作压力较高部位的管道。

(1)普通钢管标准化系列规格(外径)有 DN10～DN610 等 21 种。

(2)普通钢管非标准化系列规格(外径)有 42 种,系列以及壁厚分类详见《无缝钢管

尺寸、外形、重量及允许偏差》(GB/T 17395—2008)。

(3)管材壁厚为 0.25 ~ 65 mm。

4.1.2 消防给水管材的选用

4.1.2.1 室外消火栓给水系统(埋地应完善除锈防腐措施)

(1)当室外消防为生活、消防合用管道系统或低压消防给水系统时,可选用允许压力较低的承插直管的球墨铸铁给水管(滑入式、机械式)、焊接钢管、内外壁热镀锌焊接钢管等(部分工程可尝试采用 PE 给水管)。

(2)当室外消防给水系统为临时高压给水系统和常高压给水系统,以及系统工作压力较低时,在管材允许的压力范围内可采用上述相同管材;当系统的工作压力较大时,应根据系统工作压力情况,分别采用法兰式球墨铸铁管、焊接钢管、内外热镀锌普通或加厚焊接钢管以及无缝钢管。

4.1.2.2 室内消火栓给水系统

(1)当室内消火栓给水系统的工作压力 ≤1.0 MPa 时(《全国民用建筑工程设计技术措施——给水排水》(2009 年版)中规定为系统工作压力 ≤1.2 MPa),如多层建筑、高层建筑中的分区管网静压 <0.80 MPa,可采用普通焊接钢管、内外热镀锌普通焊接钢管。

(2)当室内消火栓给水系统的工作压力在 1.0 ~ 1.6 MPa 范围内时(《全国民用建筑工程设计技术措施——给水排水》中规定为系统工作压力 >1.2 MPa),如系统压力较高的高层建筑泵房出水管,系统下部工作压力较高部位的管道以及主干管等,可采用加厚焊接钢管、热镀锌加厚焊接钢管和无缝钢管。

(3)当室内消火栓给水系统的工作压力 <2.0 MPa 时,可采用普通和热镀锌无缝钢管。其最小壁厚应符合下列要求:

①当采用焊接、法兰连接或卡箍连接时:管径 ≤DN125,最小管壁序列号为 SCH20(不小于 5.0 mm)钢管;管径为 DN150,最小管壁厚为 3.4 mm;管径为 DN200、DN250,最小管壁厚为 4.78 mm。

②当采用螺纹连接时:管径 <DN100,最小管壁序列号为 SCH40(>5.5 mm)钢管;管径 ≥DN100,最小管壁序列号为 SCH30(螺纹连接要求管壁较厚,保证其强度和耐压)。

4.1.2.3 自动喷水灭火系统

(1)自动喷水灭火系统和水喷雾灭火系统在报警阀以前的管道,架空时可采用普通的和内外壁镀锌的焊接钢管、无缝钢管;埋地时可采用球墨铸铁管或普通的和内外壁镀锌的焊接钢管、无缝钢管(措施和手册未明确的管材),但应采取下列措施:

①采用内壁不防腐的管材时,应在该管段末端设过滤器(含内壁未涂敷防腐材料的球墨铸铁管)。

②埋地的各种管道均应采取有效的防腐措施。

(2)自动喷水灭火系统和水喷雾灭火系统在报警阀后的管道,可采用内外壁镀锌的焊接钢管、无缝钢管以及铜管、不锈钢管以及符合国家或行业标准的涂覆其他防腐材料的管道。

(3)自动喷水灭火系统和水喷雾灭火系统在报警阀以前的管道,当系统工作压力<1.0~1.2 MPa 时,可采用球墨铸铁管(法兰式)、普通焊接钢管、热镀锌普通焊接钢管;当系统工作压力在 1.0~1.6 MPa 时,可采用法兰式球墨铸铁管(PN16)、加厚焊接钢管、热镀锌加厚钢管、无缝钢管;当系统工作压力>1.6 MPa 时,可采用法兰式球墨铸铁给水管(PN25)、普通无缝钢管和热镀锌无缝钢管。应参照消火栓给水系统的允许压力使用,按连接方式与管径规格选用不同壁厚的钢管。

(4)自动喷水灭火系统在报警阀后的管道,由于规范限制配水管道的工作压力≤1.2 MPa,按《全国民用建筑工程设计技术措施——给水排水》和《自动喷水灭火系统设计手册》中的规定:内外壁镀锌的普通、加厚焊接钢管,内外壁镀锌的无缝钢管均可使用。实际上,内外壁镀锌的普通焊接钢管已满足使用要求。

(5)由于《自动喷水系统灭火设计规范》(GB 50084—2001)也规定了"轻危险级、中危险级场所中各配水管入口的压力均不宜大于 0.4 MPa",因此在建筑面积不大的楼层各配水管压力≤0.4 MPa 时,均可采用内外壁热镀锌的普通焊接钢管。

4.1.3 消防给水常用管材的连接

4.1.3.1 消防给水常用管材的连接方式

消防给水常用管材的连接方式见表 1-3。

表 1-3 消防给水常用管材的连接方式

常用管材		连接方式
球墨铸铁给水管		①滑入式柔性连接 ②机械柔性连接 ③法兰连接
钢管	内外壁热镀锌焊接钢管	①卡箍连接
	焊接钢管	②螺纹连接
	内外壁热镀锌无缝钢管	③法兰连接
	无缝钢管	④焊接连接*

注:* 焊接连接不适合于自动喷水灭火系统报警阀后管段。

4.1.3.2 消防给水常用管材连接的相关规定

1)消火栓给水系统

《建筑给水排水及采暖工程施工质量验收规范》(GB 50242—2002)第 4.1.3 条:"管材≤100 mm 的镀锌钢管应采用螺纹连接,套丝扣时破坏的镀锌层及外露螺纹部分应做防腐处理;管径>100 mm 的镀锌钢管应采用法兰连接或卡套式专用管件连接,镀锌钢管与法兰焊接处应二次镀锌。"

2)自动喷水灭火系统

(1)《自动喷水灭火设计规范》(GB 50084—2001)(2005 年版)第 8.0.2 条:"配水管道应采用内外壁热镀锌钢管。当报警阀入口前管道采用内壁不防腐钢管时,应在该段管道的末端设立过滤器。"第 8.0.3 条:"系统管道的连接应采用沟槽式连接件(卡箍),或丝扣、法兰连接。报警阀前采用内壁不防腐钢管时,可焊接连接。"第 8.0.4 条:"系统直径≥100 mm 的管道,应分段采用法兰或沟槽式连接件(卡箍)连接 。水平管道上法兰间的管道长度不宜大于 20 m;立管上法兰间的距离,不应跨越 3 个及以上楼层。净空高度 >8 m 的场所内,立管上应有法兰。"

(2)《自动喷水灭火施工及验收规范》(GB 50261—2005)第 5.1.1 条:"管网安装选用钢管时,其材质应符合《结构用无缝钢管》(GB/T 8162)及《低压流体输送镀锌钢管》(GB/T 3091)的要求。"第 5.1.3 条:"管道安装采用螺纹、沟槽式管接头或法兰连接;连接后均不得减小过水横断面面积。"条文解释"……本修订内容要求与原文规定有四点不同:一是取消了以管径大小的条件,采用不同连接方式的规定;二是取消了焊接连接方式;三是法兰连接方式,焊接法兰连接、焊接后必须重新镀锌或采用其他有效防锈蚀的措施,法兰连接推荐采用螺纹法兰;四是增加了沟槽式管接头连接方式。取消焊接,是因为焊接直接破坏了镀管的镀锌层,加速管道锈蚀;再者不少工程采用焊接,不能保证安装质量要求,隐患不少,为确保系统施工质量必须取消焊接连接方法……"

3)消防给水常用管材的连接技术要点

a.一般要求

(1)当消火栓给水系统管道采用内外壁热浸镀锌钢管时,不应采用焊接连接。系统管道采用内壁不防腐管道时,可焊接连接,但管道焊接应符合相关要求。自动喷水灭火系统(指报警阀后)管道不能采用焊接,应采用螺纹、沟槽式管接头或法兰连接。

(2)消火栓给水系统管径 >100 mm 的镀锌钢管,应采用法兰连接或沟槽连接。自动喷水灭火系统管径 >100 mm 未明确不能使用螺纹连接,仅要求在管径≥100 mm 的管段上应在一定距离上配设法兰连接或沟槽连接点。

(3)消火栓给水系统与自动喷水灭火系统管道,当采用法兰连接时推荐采用螺纹法兰,当采用焊接法兰时应进行二次镀锌。

(4)任何管段需要改变管径时,应使用符合标准的异径管接头和管件。

(5)有关消防管道连接方式及相关技术要求可参照《全国民用建筑工程设计技术措施——给水排水》中的有关规定。

b.沟槽式(卡箍)连接

(1)沟槽式连接件(管接头)和钢管沟槽深度应符合《沟槽式管接头》(CJ/T 156—2001)的规定。公称直径 DN≤250 mm 的沟槽式管接头的最大工作压力为 2.5 MPa,公称直径 DN≥300 mm 的沟槽式管接头的最大工作压力为 1.6 MPa。

(2)有振动的场所和埋地管道应采用柔性接头,其他场所宜采用钢性接头,当采用钢性接头时,每隔 4~5 个钢性接头应设置一个柔性接头。

c.螺纹连接

(1)系统中管径小于 100 mm 的内外壁热镀锌钢管或内外壁热镀锌无缝钢管均可采用螺纹连接。当系统采用内外壁热镀锌钢管时,其管件可采用《锻铸铁螺纹管件》(GB/T

3287—2000）；当系统采用内外壁热镀锌无缝钢管时，其管件可采用《锻钢螺纹管件》（GB/T 14383—2008）。

（2）钢管壁厚 δ < SCH30（DN≥200 mm）或壁厚 δ < SCH40（DN < 200 mm），均不得使用螺纹连接件连接。

（3）当管道采用55°锥管螺纹（Rc 或 R）时，螺纹接口可采用聚四氟带密封；当管道采用60°锥管螺纹（NPT）时，宜采用密封胶作为螺纹接口的密封材料；密封带应在阳螺纹上施加。

（4）管径大于 50 mm 的管道不得使用螺纹活接头，在管道变径处应采用单体异径接头。

d. 焊接或法兰接头

（1）法兰类型根据连接形式可分为平焊法兰、对焊法兰和螺纹法兰等。法兰选择必须符合《钢制管法兰类型与参数》（GB/T 9112—2010）、《钢制对焊无缝管件》（GB/T 12459—2005）、《管法兰用非金属聚四氟乙烯包覆垫片》（GB/T 13404—2008）标准。

（2）热浸镀锌钢管若采用法兰连接，应选用螺纹法兰。系统管道采用内壁不防腐管道时，可焊接连接。管道焊接应符合《现场设备、工业管道焊接工程施工及验收规范》（GB 50236—2011）。

4.2 消防给水系统工程常用设备

4.2.1 消火栓给水系统

室内消火栓灭火系统是由消防水源、进户管、干管、立管、室内消火栓和消火栓箱（包括水枪、水带和直接启动水泵的按钮）组成，必要时还需设置消防水泵、水箱和水泵接合器等。

4.2.1.1 消火栓

室内消火栓是一个带内扣式接头的角形截止阀，常用类型有45°单阀单出口和直角单阀单出口（见图1-27）、直角单阀双出口、直角双阀双出口等四种，出水口直径为 50 mm 或 65 mm。室内消火栓一端连消防主管，一端与水龙带连接。

(a)45°单阀单出口　　　　　　　(b) 直角单阀单出口

图 1-27　单出口室内消火栓

4.2.1.2 水枪

消防水枪是灭火的重要工具，一般用铜合金、铝合金或塑料制成，作用在于产生灭火

· 33 ·

需要的充实水柱。室内消火栓箱内一般只配置直流水枪,喷嘴直径有 13 mm、16 mm、19 mm 三种。高层建筑室内消火栓给水系统,水枪喷嘴口径不应小于 19 mm。

4.2.1.3 消防水龙带

消防水龙带指两端带有消防接口,可与消火栓、消防泵(车)配套,用于输送水或其他液体灭火剂。消防水龙带有麻织、棉织和衬胶三种,衬胶的压力损失小,但抗折叠性能不如麻织和棉织的好。口径一般为直径 50 mm 和 65 mm,水带长度有 15 m、20 m、25 m、30 m 四种。

4.2.1.4 消火栓箱

消火栓箱安装在建筑物内的消防给水管路上,配置有室内消火栓、消防水枪、消防水带等设备,具有给水、灭火、控制、报警等功能。消火栓箱通常用铝合金、冷轧板、不锈钢制作,外装玻璃门,门上设有明显的标志。消火栓箱根据安装方式可分为明装、暗装、半明装(见图 1-28)。

图 1-28 消火栓箱

4.2.1.5 水泵接合器

水泵接合器(见图 1-29)是从外部水源给室内消防管网供水的连接口。发生火灾时,当建筑物内部的室内消防水泵因检修、停电、发生故障或室内给水管道的水压、水量无法满足灭火要求时,消防车通过水泵接合器的接口,向建筑物内送入消防用水或其他液体灭火剂,来扑灭建筑物的火灾。

图 1-29 水泵接合器

4.2.1.6 消防水喉设备

消防水喉按其设置条件分为自救式小口径消火栓和消防软管卷盘两类,如图 1-30 所示。其功能是供人员为自救扑灭初期火灾并减少灭火过程中造成的水渍损失时使用。

4.2.2 自动喷水灭火系统的主要设备

4.2.2.1 闭式喷头

闭式喷头是闭式自动喷水灭火系统的重要设备,由喷水口、控制器和溅水盘三部分组成。其形状和式样常有玻璃球式和易熔合金式两种,如图1-31所示。

图1-30 消防水喉设备

图1-31 闭式喷头

4.2.2.2 开式喷头

图1-32是开式喷头的构造示意图,开式喷头的规格、型号、接管螺纹和外形与玻璃球闭式喷头完全相同,是在玻璃球闭式喷头上卸掉感温元件和密封座而成,通常用于雨淋系统,也称为雨淋开式喷头。

4.2.2.3 报警阀

自动喷水灭火系统中报警阀的作用是开启和关闭管道系统中的水流,同时将控制信号传递给控制系统,驱动水力警铃直接报警,另外还可以通过报警阀对系统的供水装置和报警装置进行检修,是自动喷水灭火系统的主要组件之一,如图1-33所示。报警阀由湿式阀、延迟器及水力警铃组成。

图1-32 开式喷头

图1-33 报警阀

4.2.2.4 水流指示器

水流指示器是自动喷水灭火系统的一个组成部分,安装于管网配水干管或配水管的始端,用于显示火警发生区域,启动各种电报警装置或消防水泵等电气设备(见图1-34)。

4.2.2.5 延迟器

延迟器是一个罐式容器,属于湿式报警阀的辅件,用来防止水源压力波动、报警阀渗漏而引起的误报警(见图1-35)。

图1-34　水流指示器

图1-35　延迟器

思考题

1. 室内消火栓给水系统的主要设备有哪些？它们的作用是什么？
2. 水泵接合器的作用是什么？有几种型式？简述其主要特点和适用场合。
3. 常用的闭式喷头有几种？简述其主要特点和适用场合。

项目2 建筑给水排水及消防施工图识读

任务1 建筑给水排水工程施工图的识读

1.1 建筑给水排水工程施工图识读的基本知识

前面介绍了给水排水工程设计与施工、预算人员应当掌握的基本知识。我们依据实际情况进行系统的设计,包含系统的形式,系统的组成、运行方式等。然而,设计中的系统变成能为人服务的实体,必须经过两个环节:

(1)设计者将自己设计的内容用图纸表达出来,并且能够为人所读懂。

(2)施工者依据图纸内容进行施工,最终实现设计者的意图。

本节的目的主要在于"识图",但"识图"的前提是能够了解图纸与绘图的基本常识,掌握图纸上的基本信息,为正确识图提供保证。

1.1.1 建筑给水排水施工图的构成

建筑给水排水施工图主要由图纸目录、设计总说明、图例、给水排水平面图、系统图、详图等组成。

1.1.1.1 建筑给水排水平面图

建筑给水排水平面图标明了给水排水管道及设备的平面布置,主要包括以下内容:

(1)房屋建筑的平面形式。

(2)各种用水设备的位置、类型。

(3)给水排水各个管网系统的各个干管、立管、支管的平面位置、走向、立管编号,给水引入管、水表节点、污水排出管的平面位置、走向及室外给水排水管网的连接。

(4)管道附件如阀门、消火栓、地漏、清扫口、伸缩节等的平面位置。

(5)管道及设备安装的支架、预留空洞、预埋件、管沟等的位置。

在绘制给水排水平面图过程中,根据建筑给水排水工程的特点,需要注意以下问题:

(1)平面图的数量和范围。多层建筑内,用水器具分布在建筑物内的各层,相应地给水排水平面图需要分层绘制。一般整个建筑物的给水引入管和排水出户管位于一层地面以下,与其他层有所不同,因此建筑底层给水排水平面图必须单独绘制。对于其他层,如果用水器具布置和管道平面布置都相同,可以绘制一个标准平面图来表示。

就中小工程而言,由于给水、排水情况不十分复杂,一般将给水系统和排水系统绘制于同一平面上,有关管道和设备相应区分,这对于设计、施工及识读都比较方便。对于高层建筑及其他比较复杂的工程,给水平面图和排水平面图应该分开绘制,以便于识读。

(2)建筑平面图。给水排水施工图是在建筑平面图的基础上表明给水有关内容的图纸,因此给水排水平面图的建筑轮廓线应该与建筑平面图一致。但该图中的房屋平面图不是用于土建施工,而仅作为管道系统及设备的水平布局和定位的基准。因此,仅需保留建筑图中墙、柱、门窗洞、楼梯、台阶等主要构件,其他细部可省略。图线采用细线绘制,以示与给水排水管道的区别。

(3)卫生器具及附件的绘制。卫生器具中洗脸盆、大便器、小便器等都是工业产品,不必详细表示,可按照通用图例绘出。管道附件绘制方法也是采用通用图例表示,不必按照实物绘制。

(4)管道平面图。管道平面图是用水平剖切面剖切管道后的水平投影。每层给水排水平面布置图中的管路,是以连接该层卫生器具的管路为准,而不是以楼地板作为分界线。因此,凡是连接某楼层的平面布置图,不管是安装在楼板上面还是下面,都属于该楼层的管道,都要画在该楼层的平面布置图中。不论管道投影的可见性如何,都该按照管道系统的线型绘制,且管道仅表示其安装位置,并表示其具体平面位置尺寸。

在底层管道平面图中,各种管道按照系统编号。给水系统按照引入管顺序编号,排水系统按照排出管顺序编号。给水立管和排水立管在所有管道平面图中也要相应地编号。

(5)尺寸标注。建筑水平方向尺寸一般只需在给水排水底层布置图中标注出轴线尺寸,另外要标注出地面标高。卫生器具和管道一般都沿墙、柱敷设,与墙、柱的距离根据管径的不同有相应的要求,不必在平面图中标注定位尺寸。管道的管径、坡度和标高均标注在管道系统图中,平面图中不必标注。

1.1.1.2 给水排水管道系统图

建筑给水排水管道系统图是根据各层给水排水平面图中管道及用水设备的平面位置和竖向标高,用正面斜轴测投影绘制而成。给水排水系统图反映给水排水管道系统的上下层之间、前后左右的空间关系,各管段的管径、坡度、标高及管道附件的位置等。给水排水管道系统图是该幢建筑内给水或排水管道系统的整体立面图,它与给水排水平面布置图一起表达给水排水工程的空间布置情况。

1.1.2 建筑给水排水施工图识图要领

设计说明、图例、给水平面图、系统图等是给水排水工程图的有机组成部分,它们相互关联,相互补充,共同表达室内给水排水管道、卫生器具等的形状、大小及其空间位置。读图时必须结合起来,才能够准确地把握设计者的意图。阅读给水排水施工图应该首先看图标、图例及有关设计说明,然后读图。具体识图方法如下。

1.1.2.1 阅读设计说明

设计说明是用文字而非图形的形式表达有关必须交代的技术内容。它是图纸的重要组成部分。说明中交代的有关事项往往对整套给水排水工程图的识读和施工都有重要的影响,因此弄通设计说明是识读工程图的第一步,必须认真对待,同时也要收集查阅、熟悉掌握。

设计说明所要记述的内容应视需要而定,以能够交代清楚设计人的意图为原则,一般包括工程概况、设计依据、设计范围、各系统设计概况、安装方式、工艺要求、尺寸单位、管道防腐、试压等内容。

1.1.2.2 浏览给水排水平面图

浏览给水排水平面图首先看首层给水排水平面图,然后再看其他楼层给水排水平面图。首先确定每层给水排水房间的位置和数量、给水排水房间内的卫生器具和用水设备的种类及平面布置情况,然后确定给水引入管与排水排出管的数量和位置,最后确定给水排水干管、立管和支管的位置。

1.1.2.3　对照平面图,阅读给水排水系统图

根据平面图找出对应给水排水系统图。首先找出平面图和系统图中相同编号的给水引入管与排水排出管,然后再找出相同编号的立管,最后按照一定顺序阅读给水排水系统图。

(1)阅读给水系统图。一般按照水流的方向阅读,一般从引入管开始,按照引入管—干管—立管—支管—配水装置的顺序进行。

(2)阅读排水系统图。一般按照水流的方向阅读,一般从器具排水管开始,按照器具排水管—排水横支管—排水立管—排水干管—排出管的顺序进行。

在施工图中,对于某些常见部位的管道器材、设备等,其细部位置、尺寸和构造要求,往往是不加说明的,而是遵循专业设计规范、施工操作规程等标准进行施工的,读图时欲了解其详细做法,尚需参照有关标准图集和安装详图。

1.2　建筑给水排水工程施工图识读

按照上面介绍的给水排水工程施工图的读图顺序,读某商住楼室内给水排水管道施工图。

图 2-1 ~ 图 2-8 是某商住楼室内给水排水管道施工图的一部分,现以这套施工图为例,说明识读的主要内容和注意事项。

(1)查明建筑物情况。

这是一幢五层的建筑,一层南半部为商场,北半部为半地下室的储藏间,储藏间上部有一夹层,二层以上为居住建筑。

夹层有卫生间,二层以上有卫生间、厨房等用水房间。夹层卫生间设在建筑物 K—P 轴线和 5—7 轴线一处,长度为 3 m,宽度为 2 m;二层以上卫生间设在建筑物 H—M 轴线和 5—7 轴线一处,长度为 4.5 m,宽度为 2 m,另外在建筑物 G—H 轴线和 1—2 轴线还有一处主卧卫生间,长度为 3 m,宽度为 2.1 m;厨房设在建筑物 M—P 轴线和 4—6 轴线,长度为 3.9 m,宽度为 2.2 m。以上卫生间、厨房的布置与东侧对称设置。

(2)查明卫生器具、用水设备和升压设备的类型、数量、安装位置、定位尺寸、标高等。

卫生器具的布置为:夹层卫生间设有蹲式大便器一具、洗面器一具;二层以上卫生间设有坐式大便器一具、台式洗面器一具、淋浴房一个;主卧卫生间设有坐式大便器一具、台式洗面器一具、浴盆一具;南部阳台设有洗涤盆,供洗衣机使用。

消防用水设备的布置为:在楼梯间的休息平台每层设一消火栓箱,一层每个商用房内设置两具,位置分别在 D/4 轴、E/9 轴、E/15 轴。

各种设备和器具的安装一般可查有关标准图。

(3)弄清楚室内给水系统形式、管路的组成、平面位置、标高、走向、敷设方式。

本例的给水系统中,消防给水和生活给水分别设置,消防立管设于楼梯间内,给水立管设于楼梯间南侧的管道井内。生活给水引出管的敷设高度分别为本层地面以上 0.30 m 和 0.55 m,分向东西两侧房间,这样便于管道检修;由其分支到各用水房间,各支管的敷设方式有两种:夹层卫生间梁下敷设;其他在地板面层内敷设。本例中给出了各房间的管道敷设大样图。引入管的埋设高度为室内地坪以下 1.10 m。

图纸目录

设计号 200413　　项目名称 ×××商住楼　　2004年12月20日

序号	图号	图纸名称	图纸修改记录
01	水施—01	给水排水设计说明	
02	水施—02	一层给水排水平面图	
03	水施—03	夹层给水排水平面图	
04	水施—04	二层给水排水平面图	
05	水施—05	标准层给水排水平面图	
06	水施—06	五层给水排水平面图　给水系统图	
07	水施—07	消火栓系统示意图　排水系统图	
		热水系统图　排水系统图	

给水排水图例表

图例	说明	图例	说明
JL	生活冷水给水管		自动放气阀
RL	生活热水给水管		延时自闭阀
RHL	生活热水循环水管		角阀
PL	污水排水管		存水弯
XL	消火栓系统给水管		图形地漏
	室内单栓消火栓		排水管检查口
△	手提式磷酸铵盐灭火器		透气网罩
T	铜球阀		地面清扫口

设备安装图集选用表

序号	名称	规格型号	图集号
1	分户水表	DN20	L03S001—15
2	洗面器		L03S003—11
3	坐便器		L03S003—22
4	圆角淋浴房		L03S003—40
5	浴盆		L03S003—43
6	成品淋浴器		L03S003—38
7	厨房洗涤盆		L03S003—58
8	成品污水盆		L03S003—60
9	圆形地漏	DN50	LS06—18
10	室内消火栓	SN50/甲型	L03S004—26

图2-1　图纸目录、图例、选用图集表

给水排水设计说明

一、设计依据：
1. 建设单位提供的有关设计要求。
2. 建筑专业提供的平、立、剖面图。
3. 《建筑给水排水设计规范》(GB 50015—2003)
4. 《建筑设计防火规范》(GB 50016—2006)
5. 《建筑灭火器配置设计规范》(GB 50140—2005)

二、设计范围：
本工程给水排水设计包括×××住宅楼的生活冷、热水系统，生活污水排水系统，室内消火栓系统和建筑灭火器配置。

三、生活冷水系统：
1. 水源和供水方式：
该建筑生活冷水水源为小区冷水供水管网。入口所需供水压力为0.30 MPa。
生活冷水系统采用直接供水方式。单元内采用分户内水表设在室内水表井内。分户冷水管从户内水表到各用水点的冷水管道设在地板面层内。到卫生间或厨房后返至地面上300 mm暗装。
2. 管材和阀门：
生活冷水管道采用PP-R管，热熔连接，阀门采用铜球阀。

四、生活热水系统：
1. 水源和供水方式：
该建筑生活热水水源为小区集中热水供水网。
生活热水系统采用主管直接供水方式。入口热水表设在室内水表井内。到卫生间或厨房后返至地面上400 mm暗装。
2. 管道和阀门：
生活热水管道采用衬塑钢管，管件连接，阀门采用铜球阀。

五、排水系统：
1. 室内污水管道除伸顶通气管采用机制柔性铸铁管外，其余均采用UPVC塑料排水管。
当层高≤4 m时，UPVC立管每层设一伸缩节；当层高>4 m时，UPVC主管每层设二伸缩节，排水支管直线长度>2 m时，设伸缩节，伸缩节应尽量设在靠近汇合管件处。
2. 室内排水主管上的检查口设置高度，距地面1.0 m。
3. 除放洗衣机处地面采用DN50洗衣机专用地漏外，其余地漏均采用DN50普通圆形地漏。
4. 室内排水支管的坡度为0.026，排水横干管采用以下坡度敷设：

UPVC排水横干管标准坡度表

公称外径	De75	De110	De160	De200
标准坡度	0.015	0.012	0.007	0.005

六、室内消火栓系统：
1. 室内消防用水量为5 L/S，室内消火栓系统工作压力为0.40 MPa。
2. 在一层商场内和住宅楼梯间内设置室内消火栓系统，每间商铺设置2套消火栓，住宅楼梯间每层设置1套消火栓。室内消火栓采用SN50型单阀单出口消火栓，暗装，栓口口径为DN50。水枪口径为φ16，配25 m衬胶水龙带。室内消火栓系统管道接自室外消防供水环管。
3. 消火栓系统管道采用镀锌钢管，丝接。

七、建筑灭火器配置：
1. 在底层商场内和住宅楼梯间内配置建筑灭火器，配置等级为轻危险级。
每点设置2具MFA4型手提式磷酸铵盐干粉灭火器，放置在组合式消防柜内。

八、其他：
1. 本工程采用给水排水标准图集(省标LS06，L03S001—004)。
2. 所有设备、材料的购置，安装和使用除满足规范和设计要求外，还应满足生产厂家的技术要求。
3. 半地下室内明装冷热水管道采用20 mm厚橡塑壳保温，外包PAP保护层。
4. 未尽事宜严格按照国家相关规范和当地有关规定执行。

图 2-2 给水排水设计说明

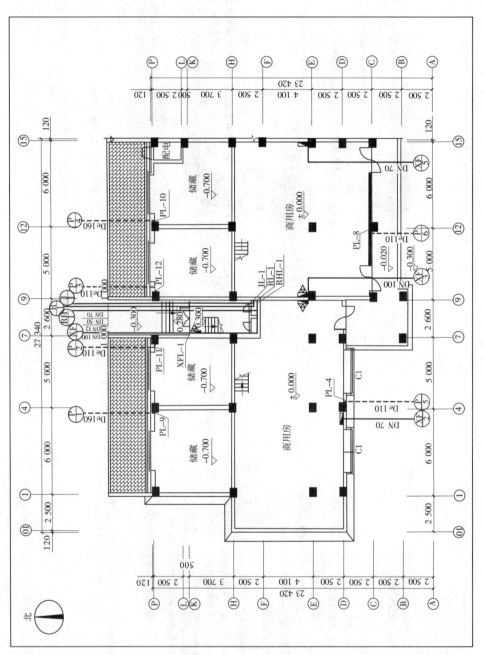

图 2-3 一层给水排水平面图

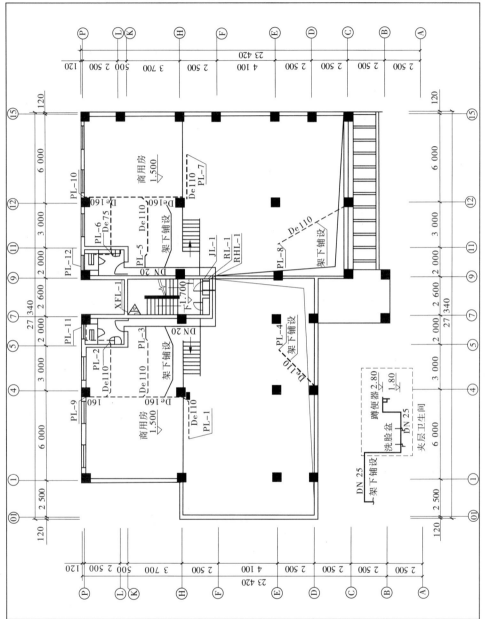

图 2-4 夹层给水排水平面图

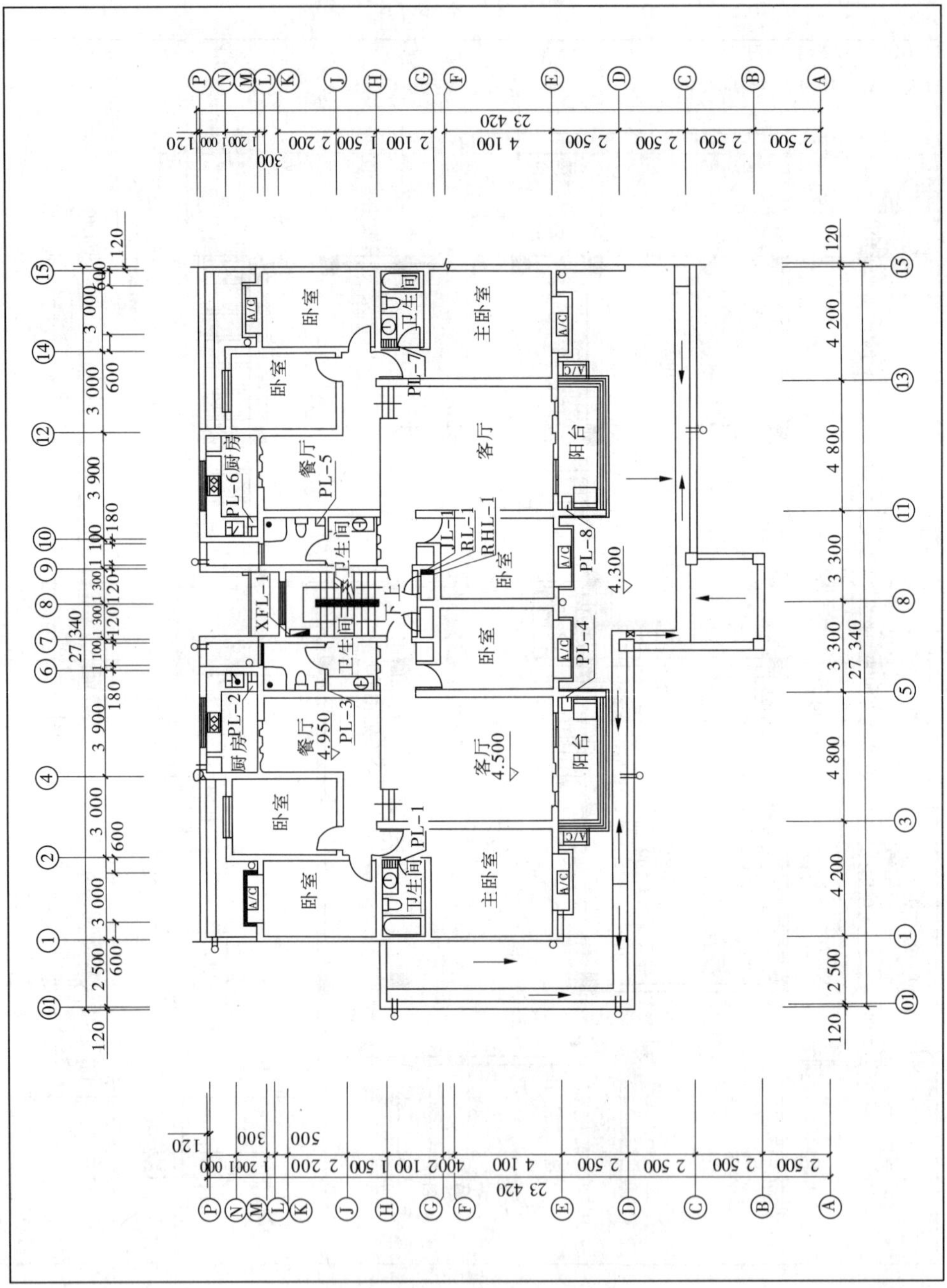

图 2-5 二层给水排水平面图

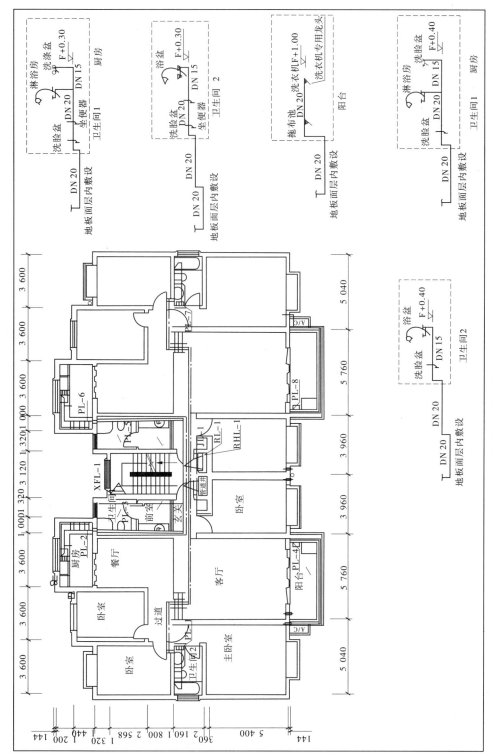

图 2-6 标准层给水排水平面图

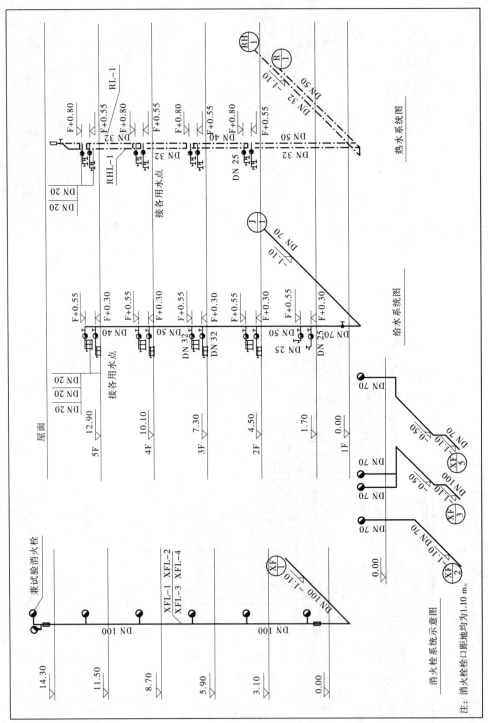

图 2-7 给水系统图

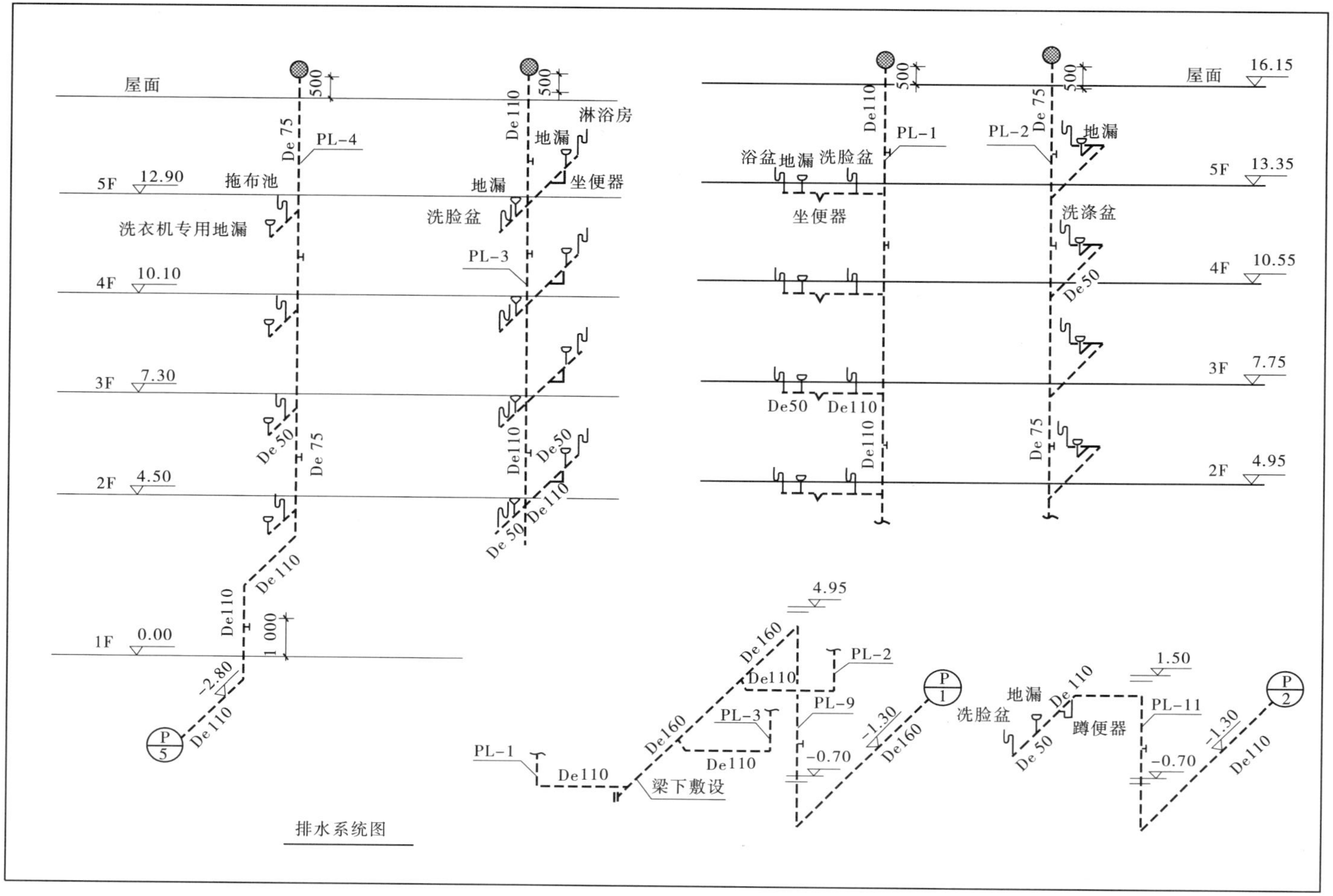

图2-8 排水系统图

（4）查明管道、阀门及附件的管径、规格、型号、数量及其安装要求。

消防立管的根部设闸阀，给水立管的根部设球阀。各管道的管径在系统图和大样中标出。

在楼梯间的休息平台每层设一消防栓箱，接装 DN50 型消火栓，消火栓的栓口高度为地面以上 1.10 m，具体的结构尺寸、安装方法另有标准图。

管道的管材及连接方式在设计说明中给出。

（5）在给水管道上设置水表时必须明确水表的型号、规格、安装位置以及水表前后阀门设置情况。

分户水表设置在管道井内，安装高度同引出管，即本层地面以上 0.30 m 和 0.55 m，表前设铜球阀。

（6）当有热水供应时，也应在室内给水排水施工图上表示清楚。

生活热水系统采用立管循环直接供水方式。分户热水表集中设置在管井内。从分户水表到各用水点的热水管道敷设在地板面层内，到卫生间或厨房后返至地面上 400 mm 暗装。热水表设置在管道井内，安装高度同引出管，即本层地面以上 0.30 m 和 0.55 m，表前设铜球阀。立管顶部设自动排气阀一具，循环管的管径为 DN32；引入管的埋设高度为室内地坪以下 1.10 m。

（7）了解排水系统的排水体制，查明管路和平面布置及定位尺寸，弄清楚管路系统的具体走向、管路分支情况、管径尺寸与横管坡度、管道各部标高、存水弯形式、清通设备设置情况、弯头及三通的选用。

本例的排水系统是合流制（污废水合流），排出管 P/1 在一层顶沿梁下接 PL－1、PL－2、PL－3 三根立管，在拐弯处设清扫口；P/2 不设通气立管，其他立管伸出屋面向上 500 mm 顶端装设通气帽；检查口设在第一、二、四、五层，设置高度为地面以上 1.0 m；排出管的管底埋深为室内地坪以下 1.30 m；各排水管的排出坡度在设计说明中给出；南部阳台设有洗衣机专用地漏，供洗衣机使用。

（8）了解管道支、吊架形式及设置要求，弄清楚管道油漆、涂色、保温及防结露等要求。

室内给水排水管道的支、吊架在图样上一般都不画出来，由施工人员按有关规程和习惯做法自己确定，如本例的给水管道为明装和暗装两种，明装管道可采用管卡，按管线的长短、转弯多少及器具设置情况，按管径大小提出各种规格管卡的数量。排水立管用立管卡子，装设在排水管承口上面，每根管子设一个；排水横管则采用吊卡，间距不超过 2 m，吊在承口上。镀锌钢管一般不再刷油漆，管道是否要保温或做防结露措施按图纸说明规定执行。

思考题

1. 建筑给水排水施工图主要包括哪些内容？
2. 建筑给水排水施工图的识图方法是什么？
3. 结合实例正确熟练地识读各种图例代表的配品、配件及建筑给水排水施工图。

任务2 建筑消防工程施工图的识读

2.1 建筑消防工程施工图识读的基本知识

建筑消防工程施工图的识读应注意以下几点：

（1）熟悉图例。消防图是由管线和一些图例组成。常用的图例有室内（外）消火栓、水泵接合器、喷头、各类阀门、水流指示器、报警阀、延迟器、火灾探测器等。

（2）熟悉施工总说明。施工总说明是对施工图的一个总的阐述，对总图的把握和施工工具有指导性的作用。

（3）消防施工图大致由平面图和系统图组成，将平面图和系统图结合起来就能对整个消防系统有一个概括性的了解。然后再对消防系统的每一个功能分区具体地分析，具体到每一个设备、每一个管段、每一个附件。这样由粗到细就能对整个系统有一个清晰的掌握。

2.2 建筑水消防工程施工图的识读

现在以具体的施工图（《某酒店给水排水图》见图 2-9 ～ 图 2-11）为例进行讲解。

这是一个地下一层、地上九层的综合性酒店。总建筑面积为 45 917 m^2，除常规的给水排水系统设置外，还包括普通室内消火栓系统和自动喷淋系统。地下室和地上每层都根据消防的要求进行了防火分区。

对消防施工图的认识，我们先来熟悉本施工图的图例。图 2-9 在图例表中，给出了本施工图中涉及的管线和设备设施的表示方法。消防立管、横管、水泵、消火栓、水流指示器、喷头、灭火器、干（湿）报警阀、排气阀、截止阀、水泵接合器等图例要熟记于心。

整个酒店的消防和喷淋用水由室外市政给水供给。干管在地下室形成环网，消防和喷淋管网由地下室消防水池（432 m^3）经过加压供给，屋顶设有一个 20 m^3 的稳压水箱。整个消防和喷淋系统都在首层地面分别设有两个水泵接合器与地下室干管相连。整个消防系统根据压力分为两个区，地下一层至地上三层为一个分区，地上四层至九层为一个分区，每个分区在顶层立管相连，形成环状。

整个酒店的消防供水（包括喷淋、生活用水）由 2 轴外侧剪力墙一根 DN150 的供水干管沿地下室负一层顶部引至 8 轴 ～ 10 轴间的消防水池。消防供水经泵内两台消防加压泵（一用一备）加压后在负一层形成 DN150 的环状管网，在负一层分出 XL－1b、XL－2b、XL－3b、XL－4b、XL－5b、XL－6b、XL－7b、XL－8b、XL－9b、XL－10b、XL－11b、、XL－12b、XL－13b、XL－14b、XL－15b、XL－16b、XL－17b 共 17 根 DN65 的消防支管，每根支管末端设一同等规格的消火栓。

所有向上的消防立管（都从地下室 DN150 的消防环网上引出）均在一层设有一个消火栓，其中仅有 XL－2a、XL－6a、XL－13a、XL－19a、XL－20a 五根立管到一层。

在二层中总共有 28 根立管，同时也设有 26 个消火栓。其中 XL－1a、XL－3a、XL－7a、

消防水图例

图例	名　称	备　注	图例	名　称	备　注
XL-1/nd	低区消火栓立管	"n"表示n号楼　立管编号"1"		蝶阀	
XL-1/ng	高区消火栓立管	"n"表示n号楼　立管编号"1"		减压孔板	
ZL-1/nd	低区喷淋立管	"n"表示n号楼　立管编号"1"		压力表	
ZL-1/ng	高区喷淋立管	"n"表示n号楼　立管编号"1"		波纹管	
ZW-1	喷淋系统稳压立管	喷淋系统用		可曲挠橡胶软接头	
—Xd—	低区消火栓横干管			吸水喇叭口	
—Xg—	高区消火栓横干管			防护套管	
—Zd—	低区自动喷淋横干管			刚性防水套管	
—Zg—	高区自动喷淋横干管			柔性防水套管	
—YL—	雨淋灭火给水管			普通镀锌钢套管	
—SM—	水幕灭火给水管				
—SP—	水炮灭火给水管				
	室外消火栓				
	单栓室内消火栓	门开向合用前室			
	双阀双栓室内消火栓	门开向合用前室			
	消防水泵接合器	配闸阀、止回阀、安全阀			
	自动喷洒头（开式）				
	自动喷洒头（闭式）	下喷			
	自动喷洒头（闭式）	上喷			
	自动喷洒头（闭式）	上下喷			
	侧墙式自动喷洒头				
	侧喷式自动喷洒头				
	末端试验装置				
	干式报警阀				
	湿式报警阀				
	水炮				
	水流指示器				
	水力警铃				
	手提式灭火器				
	推车式灭火器				
	自动排气阀				
	水泵				
	截止阀				
	止回阀				
	消声止回阀				
	闸阀				
	遥控信号阀				
	球阀				

图2-9　图例

XL－8a、XL－9a、XL－14a、XL－16a、XL－17a、XL－18a 九根立管在本层顶部连在一起,同地下室干管一起形成竖向的环网。

在三层共有 19 根消防立管穿越,根据平面布局仅有三个消火栓,其中 XL－4a、XL－5a、XL－10a、XL－11a、XL－12a、XL－15a 六根立管在本层顶部连在一起,原理同二层。

余下的 XL－1、XL－2、XL－3、XL－4、XL－5、XL－6、XL－7、XL－8、XL－9、XL－10、XL－11、XL－12、XL－13 共 13 根立管穿越余下的四～九层,每根立管在每一层都设有一个消火栓,XL－1、XL－2 和 XL－11、XL－12、XL－13 在八层顶部两两相连形成环状,其余立管在九层顶部连成环状,并在屋顶与稳压水箱和隔膜式气压罐相连。

酒店的自动喷淋系统根据压力分区分为六个分区,如图 2-10 所示。根据系统图的主干管布置,可以看出六个分区分别是负一层,一层、二层、三层、四层、五层、六层、七层、八层、九层,每一分区的顶端设有自动排气阀。每一层的自动喷淋管网根据建筑平面的实际情况又分为几个小区。可以根据水流指示器和末端试水装置来进行区分,除地下室分为三部分外,楼上每层分为两部分。由于所有的供水都是由地下室加压泵房供给,所以在负一层,一层,二层,三层的高压区,在每处的水流指示器处加设减压孔板减压。地下负一层的水泵房左侧为两台喷淋加压泵(一用一备),两泵的输出干管管径为 DN150,形成环状,再从此环干管上引出六根支管,把整个酒店的喷淋分为六个压力区,负一层一个区,一层及一层以上为 ZL－1、ZL－2、ZL－3、ZL－4、ZL－5 五根干管引出的五个分区。五根向上的喷淋支干管在 8 轴交 J 轴处的管道井内敷设,到每一楼层的压力分区再引出楼层水平支干管。

消防施工图的识读仅仅是一个初始的过程,真正的重点是在施工过程中将设计者的意图实施和完善,同时要注意同其他专业的施工配合工作,在施工过程中做好施工记录工作,在施工完成时,编制一份翔实的竣工图。

2.3 建筑火灾自动报警系统工程施工图的识读

火灾自动报警系统识图步骤如下。

(1)阅读设计说明,了解工程基本概况。

(2)阅读主要设备材料情况,熟悉各类设备元器件的图例。

(3)阅读施工平面图。

①查清所有设备元器件的具体位置、数量。

②查清所有设备元器件的布线方式和布线的具体要求。

③查阅平面布线数量和垂直布线方式及数量。

(4)阅读系统图。

①系统类型、配线方式和控制方式。

②系统图与平面图的一一对应关系。

③系统图与设计说明和主要设备材料表的关系。

④电源配置情况、联动控制和信号传输情况。

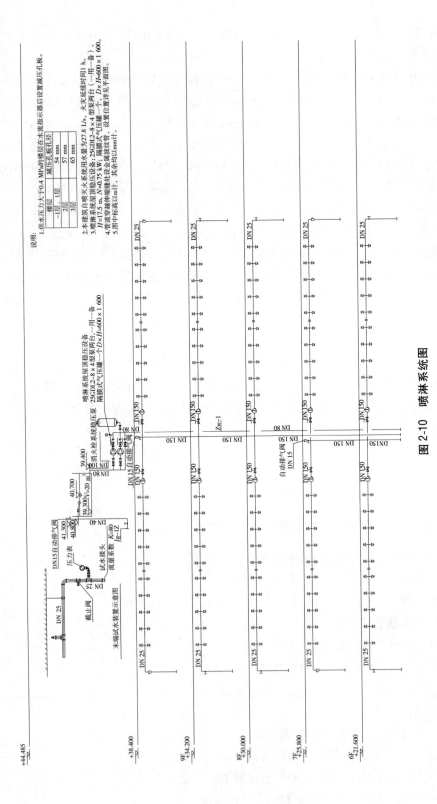

图 2-10 喷淋系统图

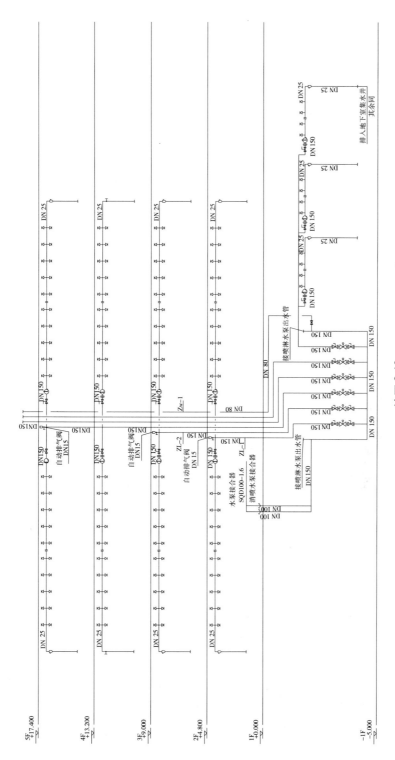

续图 2-10

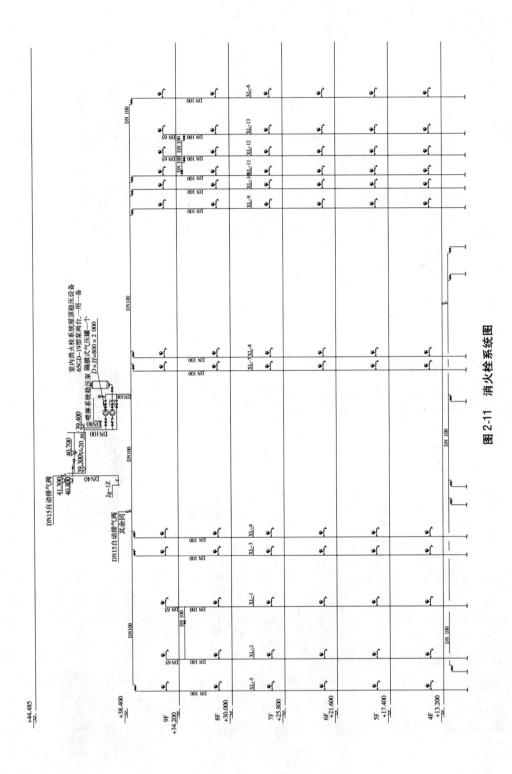

图 2-11　消火栓系统图

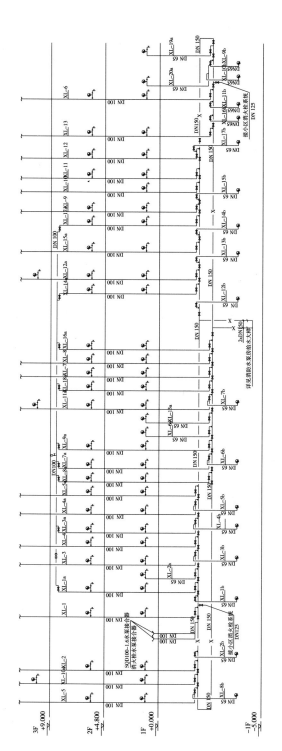

说明：

1. 本工程室内消火栓系统用水量为30 L/s,火灾延续时间3 h。
室外消火栓系统用水量为30 L/s,火灾延续时间3 h。

2. 单栓消火栓箱内设SN65消火栓一支，DN65,L=25 m漆纶衬胶水龙带一条,φ19 mm水枪一支；消防软管卷盘一套（栓口直径为25 mm,胶带内径19 mm，长25 m，喷嘴口径7 mm），以及消防按钮、警铃和指示灯各一个。

3. 消火栓安装高度均为H=1.10 m,各消防箱旁均设破玻按钮,用以启动消火栓泵(另见详图)。

4. 地下层一层至五层处消火栓均采用减压稳压消火栓。

5. 消火栓泵：100DL108-20×4,一用一备，Q=108 m³/h,H=80 m,N=37 kW。

6. 消防系统屋顶稳压设备：65GD-19型泵两台（一用一备）,H=20 m,N=2.2 kW；隔膜式气压罐一个,D×H=800×2 000。

7. 管道穿越伸缩缝处设金属波纹管，设置位置详见平面图。

8. 图中标高以m计,其余均以mm计。

续图 2-11

项目 3 建筑给水排水及消防工程量的计算

任务 1 建筑给水排水工程量的计算

1.1 管道工程量计算

(1)管道安装清单项目工程量按设计图示管道中心线长度以延长米计算,不扣除阀门、管件(包括减压器、疏水器、水表、伸缩器等)及各种井类所占的长度;方形补偿器以其所占长度按管道安装工程量计算。

(2)室内外给水管道和室内排水管道安装工程清单项目工程量的计算方法与综合定额子目的工程量计算方法基本相同,其工程量计算参见定额工程量计算方法。

(3)管道支架工程量按设计图示质量计算。

(4)室外给水排水管沟土石方清单工程量按设计图示以管道中心线长度计算。

【例3-1】 某 DN400 的室外钢筋混凝土排水管道长 40 m,180 度混凝土基础,管沟深1.8 m。由设计得知,该管道基础的宽度为 0.63 m,土质为三类土,无地下水。试编制该管段的土方工程量清单。

解:管沟土方清单工程量按管道长度计算,故其工程量为 40 m。

【例3-2】 某 9 层建筑的卫生间排水管道布置如图 3-1 和图 3-2 所示。首层为架空层,层高为 3.3 m,其余层高为 2.8 m。自二层至九层设有卫生间。管材为铸铁排水管,石棉水泥接口。图中所示地漏为 DN75,连接地漏的横管标高为楼板面下 0.2 m,立管至室外第一个检查井的水平距离为 5.2 m。

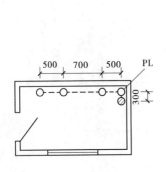

图3-1 管道布置平面图

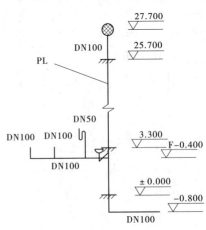

图3-2 排水管道系统图

请计算该排水管道系统的工程量。明露排水铸铁管刷防锈底漆一遍,银粉漆两遍,埋地部分刷沥青漆两遍,试确定该管道工程的工程量。

解:管道安装工程量由器具排水管开始算起,由于器具排水管是垂直管段,故应根据系统图计算。

（1）器具排水管:

铸铁排水管 DN50	$0.40 \times 8 = 3.2(\text{m})$
铸铁排水管 DN75	$0.20 \times 8 = 1.6(\text{m})$
铸铁排水管 DN100	$0.40 \times 2 \times 8 = 6.4(\text{m})$

（2）排水横管:

铸铁排水管 DN75	$0.3 \times 8 = 2.4(\text{m})$
铸铁排水管 DN100	$(0.5 + 0.7 + 0.5) \times 8 = 13.6(\text{m})$

（3）排水立管和排出管:

铸铁排水管 DN100　　　　　　　$27.7 + 0.8 + 5.2 = 33.7(\text{m})$

（4）汇总后得:

铸铁排水管 DN50	3.2 m
铸铁排水管 DN75	4.0 m
铸铁排水管 DN100	53.7 m
其中埋地部分 DN100	$5.2 + 0.8 = 6$ m

编制工程量清单时,DN100 的明装管道和埋地管道应分别计算工程量,因为它们具有不同的特征(防腐不同)。

1.2　管道支架工程量计算

室内钢管管道直径在 32 mm 以上(不含 32 mm)要另计算其支架的制作安装,管道支架按重量计算。管道支架的重量根据管道种类按设计或标准图计算。

钢管管道单管、双管托架沿墙安装,膨胀螺栓固定安装的每个支架重量见图 3-3 和表 3-1。

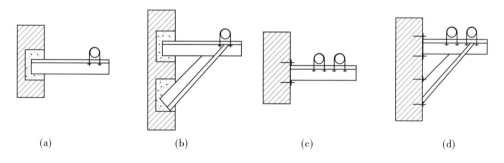

（a）　　　　　　　（b）　　　　　　　（c）　　　　　　　（d）

（a）沿墙安装单管或双管托架(15~150 mm);(b)沿墙安装单管或双管托架(200~300 mm);

（c）膨胀螺栓固定单管或双管托架(15~150 mm);(d)膨胀螺栓固定单管或双管托架(200~300 mm)

图 3-3　管道托架示意图

表 3-1　管道托架重量参考表(DN200 ~ DN300 按间距 3 m 计算)　(单位:kg/个)

托架形式	管道种类		公称直径(mm)									
			40	50	70	80	100	125	150	200	250	300
A 型	单管	保温	1.06	1.09	1.23	1.30	2.06	2.34	4.74			
		不保温	0.99	1.02	1.13	1.25	1.95	2.27	3.57			
	双管	保温	1.63	2.54	2.87	3.02	5.95	6.63	12.28			
		不保温	1.38	2.27	2.60	2.83	5.61	6.29	8.60			
B 型	单管	保温								6.39	10.47	11.21
		不保温								6.12	10.06	10.93
	双管	保温								19.94	31.27	46.00
		不保温								14.55	21.64	31.09
C 型	单管	保温	0.85	0.89	1.02	1.09	1.20	2.02	3.34			
		不保温	0.78	0.81	0.95	1.04	1.13	1.95	2.09			
	双管	保温	1.43	2.22	2.55	2.70	4.56	5.24	9.98			
		不保温	1.23	1.95	2.28	2.51	4.10	4.90	6.81			
D 型	单管	保温								4.59	7.71	8.42
		不保温								4.32	7.30	7.86
	双管	保温								17.13	28.95	41.27
		不保温								10.17	17.03	28.78

1.3　室内给水管道冲洗消毒工程量计算

生活饮用水管要计算管道的冲洗消毒工程量。计算方法是以直径范围为档次,按管道长度以"m"计量。DN15、DN20、DN25、DN32、DN40、DN50 的管道套用 DN50 以内的定额子目(8-1-461),DN65、DN80、DN100 的管道套用 DN100 以内的定额子目(8-1-462),依次类推。

1.4　管道除锈、刷油工程量计算

管道除锈、刷油工程量均以管道展开外表面积计算,以"m^2"计量。管道按下式计算外表面积,即

$$F = \pi DL \tag{3-1}$$

式中　F——管道的外表面积,m^2;

　　　D——管道外径,m;

　　　L——管道长度,m。

1.5 管道附件安装工程量计算

1.5.1 计算规则

(1)阀门按设计图示数量计算(包括浮球阀、手动排气阀、液压式水位控制阀、不锈钢阀门、煤气减压阀、液相自动转换阀、过滤阀等)。

(2)减压器、疏水器、法兰、水表、煤气表、塑料排水管消声器按设计图示数量计算。

(3)伸缩器按设计图示数量计算,方形伸缩器的两臂按臂长的两倍合并在管道安装长度内计算。

(4)浮标液面计、浮标水位标尺、抽水缸、燃气管道调长器、调长器与阀门连接按设计图示数量计算。

1.5.2 计算方法

阀门工程量以阀门类别、连接形式、口径规格、保温要求分别计算。例如,螺纹阀门和法兰阀门应分别统计工程量。

1.5.3 低压器具、水表组工程量计算

减压器的安装是以阀组的形式出现的。阀组由减压阀、前后控制阀、压力表、安全阀、旁通阀等组成。阀组称为减压器。减压器的安装直径较小(DN25~DN40)时,可采用螺纹连接。用于蒸汽系统或介质压力较高的其他系统的减压器多为焊接法兰连接。定额是按减压阀、前后控制阀、压力表、安全阀、旁通阀的形式编制的,定额中已包括了减压器的各个阀门、压力表等的安装,应计算其主材费。

疏水器是在蒸汽管道系统中凝结水管段上装设的专用器具,其作用是排除凝结水,同时防止蒸汽漏失,有的可排除空气。疏水器本身如无过滤装置的,宜在前方设过滤器。为了便于管路冲洗时排污及放气,前方应设有冲洗管。为了检查疏水器是否正常工作,它的后边应设检查管。若疏水器本身不能起逆止作用,在余压回水系统中疏水器后应另设止回阀。在用气设备不允许中断供气的情况下,疏水器应设旁通管。

疏水器的安装和减压器类似,由疏水器和阀前后的控制阀、旁通装置、冲洗及检查装置组合而成。疏水器的连接方式有螺纹连接和法兰连接。对 DN < 32 mm、PN < 0.3 MPa 以及 DN40~DN50、PN ≤ 0.2 MPa 时,用螺纹连接,其余为法兰连接。一般疏水器要经常检修或更换,故它的前后应用可拆件管路相连。当为螺纹连接时,可拆件为活接头。

水表安装按连接方式分为螺纹水表安装和法兰水表安装。实际运用中如何选择水表定额子目,简单的确定方法是:与管道的连接相对应,即管道为螺纹连接时套用螺纹水表安装子目,管道为焊接或法兰连接时套用法兰水表安装子目。定额中水表安装是以"组"计算,它包括了与其相连接的阀门安装,组内的阀门应计算其主材费,但不能再另计阀门安装工程量。

螺纹水表安装定额是按阀门及水表编制的,法兰水表(带旁通管和止回阀)安装定额是按阀门、水表、止回阀及旁通管的综合费用编制的。

(1)减压器、疏水器安装以"组"计算。

(2)减压器安装按高压侧的直径计算。

(3)法兰水表安装以"组"计算。

1.6　卫生器具工程量计算

各种卫生器具的制作安装工程量按设计图示数量计算,由于其计量单位是自然计量单位,故工程量的计量按设计数量统计即可,应注意卫生器具组内所包括的阀门、水龙头、冲洗管等不能再另列工程量。

1.7　小型容器工程量计算

小型容器指给水排水工程中常用的钢板水箱和便器的自动冲洗水箱。钢板水箱一般用于贮存水温不高于 100 ℃的冷热水。自动冲洗水箱用于定时冲洗卫生器具,冲洗的时间间隔可用进水管上的阀门进行调节,一般冲洗时间控制在 15～20 min。

小型容器工程量计算规则如下:

(1)钢板水箱制作,按施工图所示尺寸,不扣除人孔、手孔质量,以 kg 计算。

(2)各种水箱安装均以"个"为单位计算。

【例 3-3】　某住宅楼底层厨房和卫生间给水排水平面如图 3-4 所示。厨房内有 1 个洗涤盆,卫生间设有 1 个坐式大便器、1 个立式洗脸盆、1 个洗衣机水龙头,设 1 个预留口,以便用户安装淋浴器,管道轴测图见图 3-5 和图 3-6。给水管为铝塑复合管,排水管为UPVC 塑料管(黏结接口),给水立管至分水器的管段采用钢塑复合管,坐式大便器为联体水箱坐式大便器。给水管从分水器至洗涤盆的管段沿墙暗敷,分水器至卫生间的水平管段沿地暗敷(埋地深度为 -0.04 m),垂直段管道沿墙暗敷。试确定分部分项工程量(埋地管土方不计)。

解:编制分部分项工程量清单。

本例室内给水排水管道和卫生设备的清单工程量计算见表 3-2。

在本例中,管道冲洗消毒、砖墙凿槽刨沟在清单计价中属于管道的组合内容,不列清单项目;分水器的制作安装在计价规范中没有其清单项目,本例按管道附件考虑,在计价规范中管道附件一节的最大编码为"030803018(调长器与阀门连接)",将分水器编为本节的补充项目,项目编码为"补 030803019"。

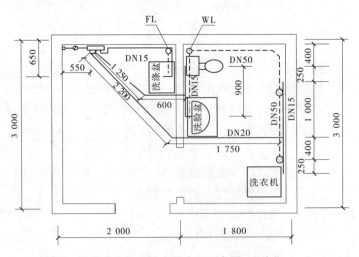

图 3-4　厨房和卫生间给水排水平面布置　(单位:mm)

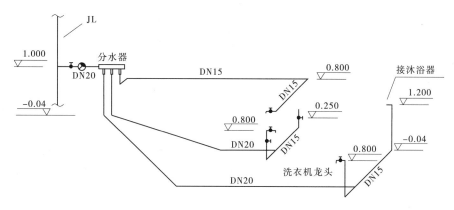

图 3-5　厨房、卫生间给水管道轴测图　（单位：mm）

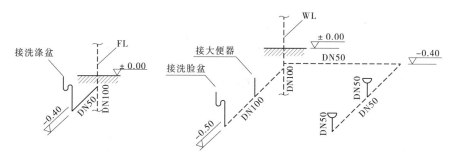

图 3-6　厨房、卫生间排水轴测图　（单位：mm）

表 3-2　工程量计算表

序号	工程名称	计算式	单位	数量
1	铝塑复合管 DN15	$(2.0 + 0.18/2 - 0.55 + 0.65)$（注：0.18 为墙厚）（厨房）$+ (0.8 + 0.25 + "0.9 + 0.04 \times 2")$（洗脸盆至大便器）$+ (0.8 + 1.2 + "0.4 + 1 + 0.25 + 0.04 \times 2")$（洗衣机至淋浴器）$= 2.01 + 2.03 + 3.73$	m	7.77 其中：沿墙暗敷 5.06，沿地暗敷 2.71
2	铝塑复合管 DN20	$(1.0 + "0.04 + 1.25 + 0.6")$（分水器至洗脸盆）$+ (1.0 + "0.04 + 2.2 + 1.75")$（分水器至洗衣机）$= 2.89 + 4.99$	m	7.88 其中：沿墙暗敷 2.00，沿地暗敷 5.88
3	塑料排水管 DN50	$(0.4 + 0.65 - 0.15)$（洗涤盆至 FL）$+ (0.4 + 1.0 + 0.25 + 0.4 - 0.15 + 1.8 - 0.15 \times 2)$（洗衣机至 WL）$+ 0.4 \times 2$（器具排水管高度）$= 0.9 + 3.40 + 0.8$（注：立管中心距墙 150 mm）	m	5.10
4	塑料排水管 DN100	$(0.9 + 0.4 - 0.15)$（横管）$+ 0.5 \times 2$（器具排水管高度）	m	2.15
5	钢塑复合管 DN20	0.55（立管至分水器）		0.55

序号	工程名称	计算式	单位	数量
6	水表安装 DN20		组	1
7	洗涤盆安装		组	1
8	洗脸盆安装		组	1
9	坐便器安装		组	1
10	水龙头安装 DN15		个	3
11	地漏安装 DN50		个	2
12	分水器安装(一进三出口铜分水器)		个	1
13	管道冲洗消毒(DN50 以内)	0.55 + 7.88 + 7.77	m	16.2
14	砖墙凿槽刨沟 70×70	5.06 + 2.0	m	7.06

注:"计算式"栏中数字下边有""者,表示埋地敷设的工程量数。

1.8 室外给水排水管道定额应用

1.8.1 室外给水排水管道常用管材

室外管道安装定额有镀锌钢管、焊接钢管,包括螺纹连接的焊接钢管;铸铁给水管有用青铅接口、膨胀水泥接口、石棉水泥接口和橡胶圈接口四种,铸铁排水管则有石棉水泥接口和水泥接口两种;塑料给水管有黏结和热熔连接两种;塑料排水管只有黏结一种。

1.8.2 定额工程量计算方法

管道安装工程量按不同的管材、接口方式和规格分别计算。在计算管道土方工程量时,要根据设计的开挖深度和土壤类别确定管沟的断面形状,当沟深小于表 3-3 所示的直槽最大深度时,管沟可为矩形,否则应设梯形断面,见图 3-7。梯形断面要计算放坡的土方量,放坡系数见表 3-3。当使用挡土板时,不应按放坡计算。

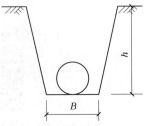

图 3-7 管沟断面示意图

表 3-3 深度在 5 m 以内的放坡系数

土壤类别	直槽的最大深度(m)	人工挖土	机械挖土	
			机械在槽底	机械在槽边
一类、二类土	1.20	1:0.5	1:0.33	1:0.75
三类土	1.50	1:0.33	1:0.25	1:0.67
四类土	2.00	1:0.25	1:0.10	1:0.33

注:1. 沟槽、基坑中土壤类别不同时,分别按其放坡起点,放坡系数参照不同土壤厚度加权平均计算。

2. 计算放坡时,在交接处的重复工程量不予扣除,原槽、坑作基础垫层时,放坡自垫层下表面开始。

管沟宽度根据管径确定,如设计无规定时,可按表3-4计算。

表3-4 管沟底宽取值

（单位:m）

管径(mm)	铸铁管、钢管、石棉水泥管	水泥制品管	附注
50 ~ 70	0.6	0.8	
100 ~ 200	0.7	0.9	
250 ~ 350	0.8	1.0	1. 当管沟深度在 2 m 以内及有支撑时表中数字应增加 0.1 m;
400 ~ 450	1.0	1.3	
500 ~ 600	1.3	1.4	
700 ~ 800	1.6	1.8	2. 当管沟深度在 3 m 以内及有支撑时表中数字应增加 0.2 m
900 ~ 1 000	1.8	2.0	
1 100 ~ 1 200	2.0	2.3	
1 300 ~ 1 400	2.2	2.6	

梯形断面管道沟挖方量可按下式计算,即

$$V = h(B + kh)L \tag{3-2}$$

式中　h——管沟深度,m;

　　　B——管沟底宽,m;

　　　k——边坡系数,参考表3-3;

　　　L——管沟长度,m;

　　　V——管沟土方量,m^3。

管沟回填土工程量应扣减管底以下管基垫层及 DN≥500 的管道所占的体积,DN500 以下的管道所占体积不扣除。扣减的体积可按实际计算,也可参照表3-5。

表3-5 每米管道长度扣减的管道占回填土方量

（单位:m^3）

管径(mm)	钢管	铸铁管	水泥制品管
500 ~ 600	0.24	0.27	0.33
700 ~ 800	0.44	0.49	0.60
900 ~ 1 000	0.71	0.77	0.92
1 100 ~ 1 200	—	—	1.15
1 300 ~ 1 400	—	—	1.35
1 500 ~ 1 600	—	—	1.45

1.8.3 计算要领

按不同的管道系统分别统计计算。例如,给水管道、污水排水管道、雨水排水管道等,若同一管道系统内有不同的管材,则应分别计算。

1.8.4 注意事项

(1)由于给水、雨水铸铁管定额包括接头零件的安装,未包括接头零件的价值,接头零件的价值应另行计算,故铸铁管的工程量计算还应统计接头零件的数量。若由图上统计接头零件有困难时,可参考表 3-6。

(2)管道进场时已有防腐层的,则不应再计算防腐工程量。

表 3-6　室内、外承插给水铸铁管件含量　　　　　（单位:10 m）

项目名称		单位	公称直径									
			75	100	150	200	250	300	350	400	450	500
室内管件	三通	个	0.2	0.3	0.7	0.7	0.7	0.7				
	弯头	个	2.0	2.2	1.7	1.7	1.7	1.7				
	异径管	个		0.1	0.3	0.3	0.3	0.3				
	接轮	个	0.9	1.0	1.4	1.4	1.4	1.4				
室外管件	三通	个	0.2	0.2	0.2	0.2	0.3	0.3	0.3	0.3	0.3	0.3
	弯头	个	0.3	0.3	0.3	0.3	0.4	0.4	0.4	0.4	0.4	0.4
	异径管	个	0.1	0.1	0.1	0.1	0.2	0.2	0.2	0.2	0.2	0.2
	接轮	个	0.2	0.2	0.2	0.2	0.2	0.2	0.2	0.2	0.2	0.2

【例 3-4】 某小区内安装室外给水铸铁管(DN200)150 m,覆土厚度 0.7 m。小区地势平坦,地下水位埋深 2 m,土质为三类土。铸铁管到场时已做好防腐层。试计算该工程的土方工程量。

解:土方工程量的计算。

管沟深度:0.7 + 0.2 = 0.9(m)

管沟底宽:查表 3-4 为 0.7(m)

根据土质,查表 3-3 得知挖管沟不需放坡。

挖方量:$V = 0.9 \times 0.7 \times 150 = 94.5(m^3)$

由于铸铁管为 DN200 < DN500,填方量不扣减管道所占体积,所以填方量等于挖方量。因此,当本题采用定额计价模式时,土方开挖和回填的工程量均为 94.5 m³。

1.9　室内给水排水管道定额应用

1.9.1　管道界限划分

(1)给水管道。室内外管道界限以建筑物外墙皮 1.5 m 为界,入口处设阀门者以阀门为界。室外管道与市政管道界线以水表井为界,无水表井者以与市政管道碰头点为界。室内外排水管道界线以出户第一个排水检查井为界。室外管道与市政管道界线以与市政管道碰头井为界。

(2)水泵间管道。设在高层建筑内的加压泵间管道与综合定额第八册的界线以水泵间外墙皮为界。

1.9.2　注意事项

综合定额第八册中管道安装包括以下工作内容:

(1)管道及接头零件安装。

(2)水压试验或灌水试验。

（3）室内 DN32 以内（含 32 mm）钢管包括管卡及托钩制作安装。

（4）钢管包括弯管制作与安装（伸缩器除外），无论是现场煨弯或成品弯管均不得换算。

（5）钢管的调直已包括在定额内，不得另算。

（6）定额中已考虑了安装管道等打堵洞眼所需的材料和人工，不得另计。

（7）方形伸缩器制作安装定额的主材费已包括在管道延长米中，不另行计算。

（8）室外塑料管安装，定额均已包括管件和伸缩节，室内塑料管如发生止水环时，另计材料费。

（9）室内铝塑复合管安装已包括管件。

（10）室内钢塑复合管安装包括管件，但支架和止水环应另行计算。

（11）室内给水韧性铸铁管（胶圈接口）包括橡胶圈，但管件应按实际另计主材费。

（12）螺纹连接的铜管安装，包括管件和卡码安装，但管件应另计主材费。

（13）铸铁排水管、雨水管及塑料排水管均已包括管卡及托吊架、透气帽的制作安装。排水铸铁管包括管道接头零件的安装，接头零件的价值已包含在定额内。

（14）铸铁管、塑料排水管的透气帽定额是综合考虑的，不得换算。

（15）室内排水铸铁管安装，检查口的橡胶板、螺栓定额已考虑，其材料费包含在其他材料费内，不得另计。

（16）雨水管包括了管卡、托吊支架和雨水漏斗、管件的安装，但未包括雨水漏斗和管件的价值，雨水漏斗及管件应按设计用量另计主材费。

（17）塑料排水管（黏结），定额包括管件安装，但管子为未计价材料。

（18）雨水管与排水管合用时，套用相应排水管相应定额子目。

管道安装定额不包括以下内容：

（1）管道安装中不包括法兰、阀门及伸缩器的制作安装，按相应项目另行计算。

（2）给水铸铁管包括接头零件所需的人工，但接头零件的价格应另行计算。

（3）DN32 以上（不含 32 mm）的钢管支架另行计算。

（4）管道安装定额中已包括了穿墙及过楼板镀锌铁皮套管的安装人工，但不包括铁皮套管的制作，应另列项目套镀锌铁皮套管制作子目。过楼板套管的制作安装，执行 C.8.1.6 相应子目，套管（主材）直径一般比被套管直径大 1～2 级。

1.10 管道附件安装定额应用

1.10.1 定额套用

综合定额第八册的阀门安装子目，按规格、口径、连接方式的不同分别编制。

（1）螺纹阀门安装，适合于各种内外螺纹连接的阀门安装。

（2）法兰阀门安装，适用于各种法兰阀门的安装。

（3）阀门安装定额套用，是按连接方式选套定额，不论阀门的结构形式如何，只要阀门的规格和连接方式相同，则选套同一定额。

1.10.2 注意事项

（1）法兰阀门安装时，如仅为一侧法兰，定额中的法兰、带帽螺栓及钢垫圈数量减半，其余不变。

(2)法兰阀门(带短管甲乙)安装,用于承插铸铁管道上的阀门安装,定额包括阀门两端的短管甲和短管乙,短管甲和短管乙与阀门的连接为法兰连接,与铸铁管的连接有石棉水泥接口、膨胀水泥接口、青铅接口,采用何种连接方式选套定额,取决于管道的连接方式。带短管甲乙的法兰阀门安装见图3-8。各种法兰连接用垫片均按石棉橡胶板计算,如用其他材料,不作调整。

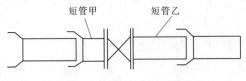

图3-8 法兰阀门(带短管甲乙)

(3)单体安装的安全阀(包括调压定压),可按阀门安装相应定额项目乘以系数2.0计算。

(4)单独安装脚踏阀门可套用阀门安装定额的相应项目。

(5)在法兰阀门安装定额子目中,已包括了法兰盘、带帽螺栓等,法兰盘只计算材料费,不能重复计算法兰安装工程量。

(6)安装在管道间、管廊内的阀门,应单独统计工程量,该部分工程的定额人工应乘以系数1.3。

1.10.3 定额工程量计算方法

(1)减压器和疏水器按其类型、连接方式分别计算工程量。

(2)水表工程量按水表规格类型、规格、连接方式分别计算,以"组"为单位计量。

1.10.4 注意事项

(1)减压器、疏水器的组成与安装是按《采暖通风国家标准图集》N108编制的,实际组成与此不同时,阀门和压力表的数量可按实际调整,其余不变。

(2)单独安装的减压阀、疏水器可选套阀门安装相应子目。

(3)减压器、疏水器安装子目中,已包括了法兰盘、带帽螺栓等,法兰盘只计算材料费,不能重复套用法兰安装定额。

(4)法兰水表安装(带旁通管和止回阀)是按《全国通用给水排水标准图集》S145编制的,定额内容中旁通管及止回阀如实际安装形式与此不同时,阀门及止回阀可按实际调整,其余不变。

(5)螺纹水表配驳喉组合安装适用于水表后配止回阀的项目,见图3-9。

(6)在承插铸铁管道上安装水表,套用法兰式水表配承插盘短管安装子目,如图3-10所示,定额包括承盘短管和插盘短管,不得另计管件安装工程量。

图3-9 螺纹水表配驳喉组成示意图

图3-10 法兰式水表配承插盘短管组成示意图

1.11 卫生器具工程量计算

1.11.1 盆具安装工程量计算

盆具安装是指浴盆、净身盆、洗脸盆、洗手盆、洗涤盆、化验盆等陶瓷成品盆具的安装。卫生器具安装以"组"计算,盆具本身为未计价材料。

1.11.1.1 定额应用

盆具安装定额是指《全国通用给水排水标准图集》编制的。盆具安装范围的分界点,主要是指盆具与给水管和排水管道的分界点。一般给水的分界点是给水水平管与盆具分支管的交界处,与排水管的分界点是盆具存水弯与排水管的交接处,见图3-11,图中虚线部分即为定额所包括的范围。

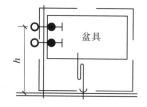

图3-11 盆具安装范围示意图

图中水平给水管距地面安装高度 h 见表3-7,若水平给水管的设计高度不同,增加的引上管或引下管的长度计入管道安装工程量中。

表3-7 水平给水管安装高度

卫生设备	水平给水管距地面安装高度 h(mm)
浴盆	750
净身盆	250
洗脸盆	530
洗涤盆	995
化验盆	850

1.11.1.2 计算方法

(1)浴盆。浴盆安装的未计价材料为浴盆、冷热水嘴、活动式挠性软管淋浴喷头、喷头挂钩、与浴盆配套的排水阀等配件。浴盆四周的砖支座及粘贴瓷砖,按土建项目计算。

(2)妇女净身盆。妇女净身盆定额中的未计价材料为净身盆、净身盆的铜活,如给水阀提拉杆操纵排水阀。

(3)洗水盆。定额未计价材料为盆具、水龙头、存水弯。

(4)洗脸盆。普通洗脸盆安装定额包括阀门、铜活和水嘴的安装,定额中的未计价材料为盆具、阀门、铜活和水嘴。有钢管组成普通冷水嘴洗脸盆子目(C8-4-9)与立式水嘴钢管组成冷水子目(C8-4-10),钢管组成冷热水子目(C8-4-11),铜管冷热水子目(C8-4-12)四种,还有不同式样和用途的立式洗脸盆、理发用洗脸盆、肘式开关和脚踏开关洗脸盆、洗手盆,未计价材料除盆具外,也包括阀门、水嘴和铜活。

(5)洗涤盆。洗涤盆装在住宅厨房及公共食堂或餐饮店内,供洗涤碗碟和食物用。安装定额洗涤盆子目是指陶瓷成品的盆具。结构为钢筋混凝土外贴瓷砖的称为洗涤池,公共食堂或餐饮店内的洗涤池尺寸较大。洗涤池不属于安装工程,按土建项目划分计算。

洗涤盆定额子目中未计价材料为盆具、水嘴等;肘式开关、脚踏开关、回转龙头、回转混合龙头开关、洗涤盆定额子目中,未计价材料为盆具、开关和龙头等。

(6)化验盆。化验盆安装在化验室和实验室,常用的陶瓷化验盆内有水封,排水管上不需要再装存水弯。根据使用要求,化验盆上可安装单联、双联或三联化验水嘴,在定额中均为主材。脚踏开关、单独的鹅颈水嘴化验盆,未计价材料除盆具外,还包括开关、阀门或鹅颈水嘴。

1.11.2 淋浴器安装工程量计算

淋浴器有成品的,也有用管件和管子在现场组装的。淋浴器安装范围的划分点为淋浴器支管与水平给水管的交接处,见图3-12。定额中钢管组成子目(C8-4-30、C8-4-31)适用于现场组装型,未计价材料仅为截止阀和莲蓬喷头;铜管组成子目(C8-4-32、C8-4-33)适用于成品淋浴器安装,未计价材料为整套淋浴器。

1.11.3 便溺器具安装工程量计算

便溺器具有大便器和小便器,按其组成可分为便器和冲洗设备。

冲洗设备是便溺器具的配套设备,有冲洗水箱和冲洗阀两类。冲洗水箱分高位水箱和低位水箱,高位水箱用于蹲式大便器和大小便槽,低位水箱用于坐式大便器。冲洗阀直接安装在大小便器的冲洗管上,按其构造和功能分为普通冲洗阀、手压阀、延时自闭式冲洗阀。

1.11.3.1 坐式大便器

坐式大便器按水箱的设置方式分为低水箱、高水箱坐式大便器,连体水箱坐式大便器。坐式大便器定额子目包括的安装范围见图3-13,未计价材料为大便器、水箱、桶盖及角阀。

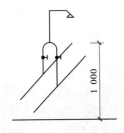

图3-12 淋浴器安装范围

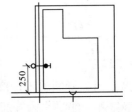

图3-13 坐式大便器安装范围

1.11.3.2 蹲式大便器

蹲式大便器按冲洗方式分为冲洗水箱式和冲洗阀式。高位水箱蹲式大便器的安装范围划分见图3-14,给水的划分点在水平给水管与水箱支管的连接处,排水的划分点在存水弯和排水管的连接处。水箱支管和冲洗管均已包括在定额内,不应另行计算。未计价材料为大便器、水箱、阀门及全部铜活。

冲洗阀蹲式大便器的安装范围见图3-15,给水的划分点为水平给水管与冲洗支管交接处,排水的划分点为存水弯和排水管道的交接处。冲洗管已包括在定额内,不应另计,未计价材料为大便器、普通冲洗阀、延时自闭式冲洗阀。对手压法冲洗和脚踏阀冲洗的大便器,手压阀门和脚踏阀门也是未计价材料。

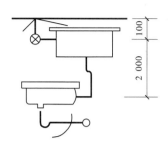
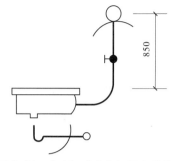

图 3-14　高位水箱蹲式大便器安装范围　　　　图 3-15　冲洗阀蹲式大便器安装范围

1.11.3.3　小便器

小便器按其形式和安装方式分为挂斗式小便器和立式小便器。挂斗式小便器又分为普通挂斗式小便器和冲洗水箱式小便器,普通挂斗式小便器是其支管直接与冲洗管相连,如图 3-16 所示;冲洗水箱式小便器是支管与给水管之间设一冲洗水箱,小便器用水由冲洗水箱供给。根据每个水箱所带小便器的数量不同,自动冲洗挂斗式小便器分为一联、二联和三联,图 3-17 为二联挂斗式小便器安装范围示意图。

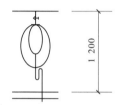
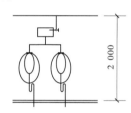

图 3-16　普通挂斗式小便器安装范围　　　　图 3-17　高水箱二联挂斗式小便器安装范围

挂斗式和立式小便器的安装范围,给水为小便器支管与给水管的交接处,排水为存水弯与排水管的交接处。未计价材料为小便器、角型阀、冲洗水箱及铜活。

1.11.3.4　小便槽冲洗管安装工程量计算

小便槽冲洗管定额安装包括的范围仅为冲洗花管本身,冲洗花管按"m"计算,以"10 m"为单位套用定额。冲洗管与给水管之间的连接短管和阀门未包括在定额安装中,应分别列入相应项目的工程量内。

1.11.4　水龙头和排水部件安装工程量计算

(1)水龙头和排水栓。污水池、洗涤池、盥洗槽是钢筋混凝土结构物,在排水口处装设排水栓,以利于保护排水口,便于连接排水管和方便使用。长度在 4 m 以内的盥洗槽设一个排水栓,超过 4 m 可设两个排水栓。排水栓分为带存水弯和不带存水弯两种,带存水弯的适合用于排水管连接,见图 3-18(a);不带存水弯的适用于污水先进入地面集水池,再经地漏排走,见 3-18(b)。污水池、洗涤池和盥洗槽主体及水磨石或粘贴瓷砖属于土建项目,水龙头和排水栓属于安装工程项目。水龙头安装工程量按不同规格以"个"计算,以"10 个"为单位套用定额,排水栓按形式和不同规格,以"组"计量,以"10 组"为单位套用定额,水龙头和排水栓及存水弯均为未计价材料。

(2)地漏。地漏安装以"个"计算,以"10 个"为单位套用定额,未计价材料是地漏。

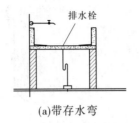

(a)带存水弯

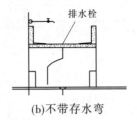

(b)不带存水弯

图 3-18 排水栓安装示意图

（3）地面扫除口。在连接 2 个及 2 个以上大便器或 3 个及 3 个以上卫生器具的污水横管上应设置清扫口。当污水管在楼板下悬吊敷设时,可将清扫口设在上一层楼地面上,污水管起点的清扫口与管道相垂直的墙面距离不得小于 200 mm;若污水管起点设置堵头代替清扫口,则与墙面距离不得小于 400 mm。清扫口安装工程量以"个"计算,以"10 个"为单位套用定额,清扫口为未计价材料。安装在楼板下排水横管起点处的堵头是清扫口,套地面扫除口子目,管箍和堵头为未计价材料,但定额材料中的地面扫除口不能再另行计算主材费。

1.12 小型容器定额应用

小型容器指给水排水工程中常用的钢板水箱和便器的自动冲洗水箱。钢板水箱一般用于贮存热水温度不高于 100 ℃ 的冷热水。自动冲洗水箱用于定时冲洗卫生器具,冲洗的时间间隔可用进水管上的阀门进行调节,一般冲洗时间控制在 15 ~ 20 min。

（1）工程量计算规则。①钢板水箱制作,按施工图所示尺寸,不扣除人孔、手孔质量,以 kg 计算;②各种水箱安装均以"个"为单位计算。

（2）定额套用。钢板水箱按其形状分为矩形和圆形。钢板水箱制作仅为水箱制作,即箱体由钢板和加强肋组成,其余部分另行计算工程量。箱体制作套用定额时以"100 kg"为单位计算。

（3）计算方法。钢板水箱制作均按质量计算,该质量不包括水位计、内外人梯、支架的质量,应另行计算。

（4）注意事项。①各种水箱的连接管均未包括在定额内,可执行室内管道安装的相应项目;②各类水箱均未包括支架制作安装,如为型钢支架,执行第八册定额"一般管架"项目,混凝土或砖支座可参考土建相应项目。

水箱质量包括人孔和手孔的质量,法兰、水位计及内外人梯均未包括,发生时,可另行计算。

任务 2 建筑消防工程量的计算

水是最常用的灭火剂。水灭火系统是应用最广泛的灭火系统。用水灭火,器材简单,价格低廉,灭火效果好。水灭火系统按水流形态可分为消火栓灭火系统和自动喷水灭火系统。消火栓灭火系统分为室外消火栓灭火系统和室内消火栓灭火系统。通常由管路、阀门和消火栓组成。自动喷水灭火系统是一种固定式自动灭火系统,它利用固定管网、喷头自动作用喷水灭火,并同时发出火警信号的灭火系统。该系统使用安全可靠,经济实用,扑灭火灾成功率高,特别对扑灭初期火灾有很好的效果。

2.1 管道

配水管道一般采用内外壁热镀锌钢管。系统管道的连接应采用沟槽式连接件(卡箍)或丝扣、法兰连接。报警阀前采用内壁不防腐钢管时,可焊接连接。系统中直径等于或大于 100 mm 的管道,应分段采用法兰或沟槽式连接件(卡箍)连接。水平管道上法兰间的管道长度不宜大于 20 m;立管上法兰间的距离,不应跨越 3 个及以上楼层。净空高度大于 8 m 的场所内,立管上应有法兰。水平安装的管道宜有坡度,并应坡向泄水阀。

其工程量计算规则为:按设计图示管道中心线长度以延长米计算,不扣除阀门、管件及各种组件所占长度;方形补偿器以其所占长度接管道安装工程量计算。

2.2 喷头

喷头由喷头架、溅水盘、喷水口堵水支撑等组成。常见的有易熔合金锁片支撑型与玻璃球支撑型喷头。喷水口有堵水支撑的称闭式喷头,无堵水支撑的称开式喷头或水幕喷头。如按安装形式分,又可分为吊顶型与无吊顶型等。其安装方式见图 3-19。

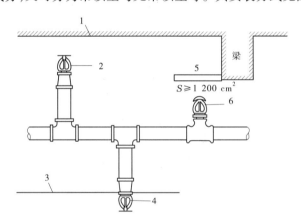

1—楼板或屋面板;2—直立型喷淋头;3—吊顶板;4—下垂型喷头;5—集热罩;6—普通型喷头

图 3-19 喷头安装示意图

(1)喷头安装应在系统管网经过试压、冲洗后进行。

(2)当使用的孔口直径小于 9.5 mm 时,在配水干管或立管上应安装滤水器。

(3)有些使用场所较易对喷头造成机械性损伤,应在喷头上加设防护罩,使用时,不能影响喷头的感温动作和喷水灭火效果。

(4)一般喷头的间距不应小于 2 m,当特殊情况间距小于 2 m 时,应在两个喷头之间安装专用的挡水板。挡水板的宽度约 200 mm,高 150 mm,最好是金属板,且放在两喷头的中间,安排成能起遮挡喷头相互喷湿的作用。当安放在支管上时,挡板的顶端应延伸在溅水盘上方 50 ~ 75 mm 的地方。

其工程量计算规则为:喷淋头区分有无吊顶按设计图示数量计算。

2.3 报警阀组

报警阀组属成套供应产品。主要有湿式报警装置、干湿两用报警装置、电动雨淋报警装置、预作用报警装置等。现场不能加工,除法兰在现场焊接组对外,安装工作还有部件外观检查、切管及开坡口、组件和管组对、焊法兰、紧螺栓、临时短管安拆、报警阀渗漏试验、整体组装、配套、调试等。当报警阀入口前管道采用内壁不防腐的钢管时,应在该段管道的末端上设过滤器。

湿式报警装置的组成如图3-20所示,安装报警阀的室内地面应采取排水措施。

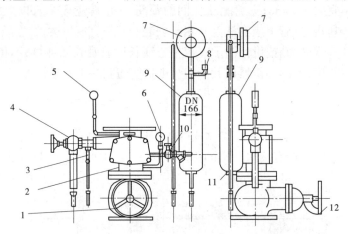

1—控制阀;2—报警阀;3—试警铃阀;4—防水阀;5、6—压力表;7—水力警铃;
8—压力开关;9—延时器;10—警铃管阀门;11—过滤器;12—软锁

图 3-20 湿式报警装置组成图

其工程量计算规则为:报警装置(包括湿式报警装置、干湿两用报警装置、电动雨淋报警装置、预作用报警装置)、温感式水幕装置(包括给水三通至喷头、阀门间管道、管件、阀门、喷头等全部安装内容)、末端试水装置(包括连接管、压力表、控制阀及排水管等)、消火栓(包括室内消火栓、室外地上式消火栓、室外地下式消火栓)、消防水泵接合器(包括消防接口本体、止回阀、安全阀、弯管底座、放水阀、标牌)按设计图示数量计算。

2.4 水流指示器

水流指示器是一种由管网内水流作用启动,能发出电讯号的组件,常用于湿式灭火系统中做电报警设施和区域报警用设备。

在多层或大型建筑的自动喷水灭火系统上,为了便于明确火灾发生的保护分区,一般在每一层或每个分区的干管上或支管的始端安装一个水流指示器。

水流指示器按叶片的形状,可分为板式和桨式两种。按安装基座可分为鞍座式、管式和法兰式。管式和法兰式一般采用桨式叶片,与管路连接时管式采用螺纹连接,法兰式采用法兰连接。鞍座式一般采用板式叶片,与管路连接时需在管路上开孔放入叶片后进行焊接,施工较困难。图3-21为桨式水流指示器结构图。

其工程量计算规则为:区分不同规格,按设计图示数量以个计算。

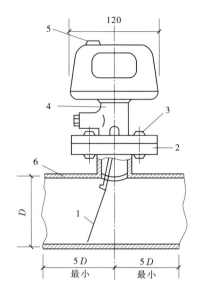

1—桨片;2—法兰;3—螺栓;4—本体;5—接线孔;6—管路

图 3-21 桨式水流指示器结构图

2.5 其他组件的安装要求

2.5.1 减压孔板和节流管

如图 3-22 所示,有多层喷水管网时,上下层的喷头流量各不相同,造成不必要的浪费,因此采用减压孔板和节流装置以均衡各层管段的流量。安装时应符合下列要求:

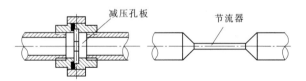

图 3-22 节流装置

(1)应设置在管径为 50 mm 及 50 mm 以上的水平管道上。

(2)孔板应安装在管道内水流转弯处下游一侧的直管上,且与转弯处的距离不应小于管子公称直径的 2 倍。

(3)孔口直径不应小于安装管段直径的 50%。

2.5.2 末端试水装置

如图 3-23 所示,末端试水装置是自动喷水灭火系统使用中,可检测系统总体功能的一种简易可行的检测试验装置。每个报警阀组控制的最不利点喷头处应设末端试水装置。其他防火分区、楼层的最不利点喷头处均应设置直径为 25 mm 的试水阀。末端试水装置应由试水阀、压力表以及试水接头组成。末端试水装置的出水应采取孔口出流的方式排入排水管道。

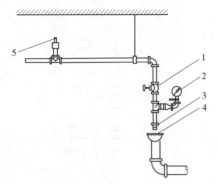

1—截止阀;2—压力表;3—试水接头;4—排水漏斗;5—最不利点喷头

图3-23　末端试水装置

2.6　消火栓及水泵接合器

2.6.1　室内消火栓

室内消火栓通常分为单栓和双栓,一般由水枪、水带、消火栓和消火栓箱组成。如图3-24所示。

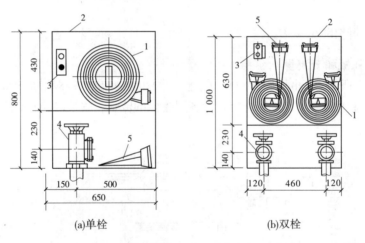

(a)单栓　　　　　　　　　(b)双栓

1—水带;2—消火栓箱;3—按钮;4—消火栓;5—水枪

图3-24　室内消火栓

水枪是灭火的主要工具。室内消火栓一般采用直流式水枪。水枪喷嘴直径一般为13 mm、16 mm、19 mm。喷嘴直径13 mm的水枪配有50 mm水带,喷嘴直径16 mm的水枪配有50 mm或65 mm水带,喷嘴直径19 mm的水枪配有65 mm水带。高层建筑室内消火栓设备应配备喷嘴直径不小于19 mm的水枪。

室内消火栓中的水带一般采用直径为50 mm和65 mm的麻质水带,在条件许可时,宜采用防腐性能好的化纤水带。水带长度一般为15 m、20 m、15 m或30 m四种。高层建筑室内消火栓设备,配备的水带长度不应超过25 m。

室内消火栓是具有内扣式接口的球形阀式龙头。它的一端与消防竖管相连,另一端与水带相连。消火栓的栓口直径不应小于所配备的水带直径。消火栓有单出口和双出口两种。单出口消火栓直径常有 50 mm、65 mm 两种,双出口消火栓直径不应小于 65 mm。高层建筑室内消火栓口径应为 65 mm。

室内消火栓安装原则如下:

(1)安装室内消火栓,栓口应朝外,阀门中心距地面为 1.2 m,水龙带应根据箱内构造将水龙带挂在箱的挂钉或水龙盘上。

(2)消火栓栓口处的出水压力超过 5×10^5 Pa 时,应设减压设施。减压设施一般为减压阀或减压孔板。

(3)高层工业与民用建筑以及水箱不能满足最不利点消火栓水压要求的其他低层建筑,每个消火栓处设置直接启动消防水泵的按钮,以便及时启动消防水泵,供应火场用水。

2.6.2 室外消火栓

室外消火栓通常分为地上式消火栓(SS)和地下式消火栓(SA)两种。一般由栓体、内置出水阀、泄水装置、法兰接管和弯管底座等组成。消火栓进水口与管路采用法兰连接,出水口与消防水带采用内扣式连接,与消防车水管采用螺纹连接。

室外消火栓的安装形式分为支管安装和干管安装。支管安装分为浅装和深装,地上式消火栓干管安装根据是否设有检修蝶阀和阀门井室分为Ⅰ型和Ⅱ型。

浅装时消火栓安装在支管上且管道覆土深度≤1 m。深装时消火栓安装在支管上且管道覆土深度 >1 m,见图 3-25(a)。地上式消火栓无论浅装还是深装,都应设有检修闸阀和阀门井室;地下式消火栓浅装时,设有检修闸阀和闸阀套筒;深装时,设有检修闸阀和阀门井室。

地上式消火栓Ⅰ型安装:消火栓下部直埋,通过消火栓三通与给水干管连接,见图 3-25(b)。

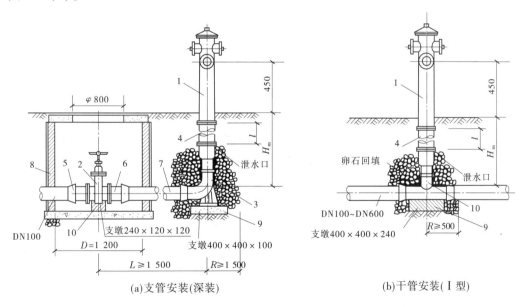

(a)支管安装(深装)　　　　　　　　(b)干管安装(Ⅰ型)

1—本体;2—闸阀;3—弯管底座;4—法兰接管;5、6—短管;7—铸铁管;8—阀井;9—支墩;10—三通

图 3-25　地上式消火栓

地上式消火栓Ⅱ型安装:消火栓下部直埋,设有检修蝶阀和阀门井室,通过弯头和消火栓三通与给水干管连接。

地下式消火栓安装:消火栓位于井室内,在栓体下部设有检修蝶阀,通过弯头和消火栓三通与给水干管连接,见图3-26。

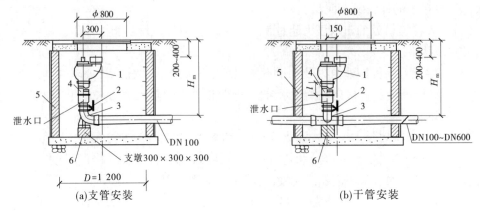

1—地下式消火栓;2—蝶阀;3—弯管底座(三通);4—法兰接管;5—阀井;6—混凝土支墩

图3-26　地下式消火栓

2.6.3　水泵接合器安装

室内消防给水管网应设水泵接合器,当室内消防水泵因检修、停电、发生故障或室内消防用水量不足时,需要利用消防车从室外消火栓、消防水池或天然水源取水,通过水泵接合器送至室内管网,供灭火使用。当水泵接合器的供水能力不能满足最不利点处作用面积的流量和压力要求时,应采取增压措施。水泵接合器按安装地点的不同分为地上式、地下式、墙壁式三种。图3-27为墙壁式安装的水泵接合器。

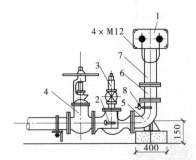

1—本体;2—止回阀;3—安全阀;4—闸阀;
5—弯管;6—法兰直管;7—法兰弯管;8—截止阀

图3-27　水泵接合器(墙壁式)

其工程量计算规则为:消火栓及水泵接合器均为按个数计,室内消火栓按单栓、双栓、组合卷盘分别统计;室外消火栓按高压、低压及安装方式分别统计;水泵接合器按规格、安装方式分别统计,同样要注意成套产品所包含的内容,以免重复计算。

2.7　隔膜式气压水罐安装

隔膜式气压水罐是一种提供压力水的消防气压给水设备装置,其作用相当于高位水箱或水塔,可采用立式或卧式安装。

2.8 支、吊架的制作、安装

管道安装时,应及时进行支、吊架的固定和调整工作。支、吊架的位置、间距应按设计规定。如设计无规定,可通过计算确定。对于自动喷水灭火系统管网还应符合下列要求:

(1)吊架或支架的位置不影响喷头的喷水效果,一般吊架与喷头的距离不宜小于30 cm,与末端喷头的距离不宜大于75 cm。

(2)在支管每段管子上至少应设置一个吊架,相邻两喷头间的管段上至少应设一个吊架,当喷头间距小于1.8 m时可隔段设置。但吊架的间距不宜大于3.6 m。

(3)每段配水干管或配水管上应设置一个防晃支架。管径在50 mm以下可以不设,管段过长或改变方向,需增设防晃支架。

2.9 自动喷水灭火系统管网水冲洗

系统安装完毕后,应分段进行水冲洗。冲洗的顺序是:先室外,后室内;先地下,后地上;地上部分应按立管、配水干管、配水管、配水支管的先后进行。一般情况下采用水冲洗,当采用现有的水压冲洗难以将管道内堵塞物冲出时,宜采用水压气动法冲洗。

2.10 自动喷水灭火系统管道安装工程量计算规则

(1)管道安装按设计管道中心长度,以"m"计算,不扣除阀门、管件及各种组件所占长度。

(2)管道支、吊架已综合支、吊架及防晃支架的制作安装,均以"kg"计算。

(3)自动喷水灭火系统管网水冲洗,区分不同规格以"m"计算。

2.11 喷淋系统组件安装工程量计算规则

(1)喷头安装按有吊顶、无吊顶分别以"个"计算。

(2)报警装置安装按成套产品以"组"计算。

(3)温感式水幕装置安装,按不同规格和型号以"组"计算。

(4)水流指示器分别按不同的连接方式、不同规格以"个"计算。

(5)减压孔板安装,末端试水装置按不同规格均以"组"计算。

(6)集热板制作安装以"个"计算。

思考题

1. 根据图 3-28 所示工程,计算 DN20 和 DN15 管道安装的工程量。

2. 简述给水水表组的组成和工程量的计算。

3. 在给水排水管道安装工程中,定额对支架工程量计算有哪些规定?

4. 在管道工程中,定额对穿墙、穿楼板等套管工程量计算有哪些规定?

5. 简述卫生器具的组成和工程量的计算。

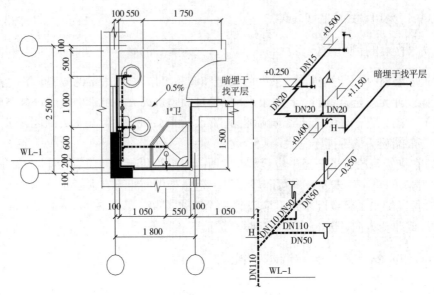

图 3-28　1#卫生间详图

项目4 建筑给水排水系统的安装

任务1 建筑给水排水系统安装

1.1 给水排水管道的防腐与绝热保温

1.1.1 给水排水管道的防腐

1.1.1.1 工艺流程

管道清理除锈→涂漆→防腐材料的安装。

1.1.1.2 管道(设备)常用防腐涂料

涂料主要由液体材料、固体材料和辅助材料三部分组成。用于涂覆至管道、设备和附件等表面上构成薄薄的液态膜层,干燥后附着于被涂表面,起到防腐保护作用。

涂料按其作用一般可分为底漆和面漆,先用底漆打底,再用面漆罩面。防锈漆和底漆均能防锈,都可用于打底,它们的区别在于:底漆的颜料成分高,可以打磨,漆料着重在对物体表面的附着力,而防锈漆料偏重在满足耐水、耐碱等性能的要求。

(1)防锈漆。防锈漆有硼钡酚醛防锈漆和铝粉硼酚醛防锈漆、铝粉铁红酚醛醇酸、云母氧化铁酚醛防锈漆、红丹防锈漆、铁红油性防锈漆、铁红酚醛防锈漆和酚醛防锈漆等。

(2)底漆。底漆有7108稳化型带锈底漆、X06-1磷化底漆、G06-1铁红醇酸底漆、F06-9铁红纯酚醛底漆、H06-2铁红环氧底漆、G06-4铁红环氧底漆。

(3)沥青漆。常用于设备、管道表面,防止工业大气和土壤水的腐蚀。常用的沥青漆有L50-1沥青耐酸漆、L01-6沥青漆、L04-2铝粉沥青磁漆等。

(4)面漆。面漆用来罩光、盖面,用作表面保护和装饰,常用面漆的性能和用途见表4-1。

1.1.1.3 管道(设备)防腐的操作工艺

(1)管道(设备)表面的除锈。管道(设备)表面的除锈是防腐施工中的重要环节,其除锈质量的高低直接影响到涂抹的寿命。除锈的方法有手工除锈、机械除锈和化学除锈。

①手工除锈。用刮刀、手锤、钢丝刷以及砂布、砂纸等手工工具磨刷管道表面的锈和油垢等。

②机械除锈。利用机械动力的冲击摩擦作用除去管道表面的锈蚀,是一种较先进的除锈方法。可用风动钢丝刷除锈、管子除锈机除锈、管内扫管机除锈、喷砂除锈。

③化学除锈。利用酸溶液和铁的氧化物发生反应将管子表面锈层溶解、剥离的除锈方法。

表 4-1　常用面漆的性能和用途

名称	型号	性能	耐温(℃)	主要用途
各色厚漆（铝油）	Y02-1	涂膜较软,干燥慢,在炎热而潮湿的天气有发黏现象	60	用清油稀释后,用于室内钢铁、木材表面打底或盖面
各色油漆调和漆	Y03-1	附着力强,耐候性较好,不易粉化龟裂,在室外优于磁性调和漆	60	做室内外金属、木材、建筑物表面防护和装饰用
银粉漆	C01-2	对钢铁和铝表面具有较强的附着力,涂膜受热后不易起泡	150	供采暖管道及散热器做面漆
各色酚醛调和漆	F03-1	附着力强,光泽好,耐水,漆膜坚硬但耐候性稍差	60	做室内外金属、木材的一般防护面漆
各色醇酸调和漆	C03-1	附着力强,涂膜坚硬光亮,耐候、耐久、耐油性都较油性调和漆好	60	做室外金属防护面漆
生漆（大漆）		附着力好,涂膜坚硬,耐多种酸、耐水,但毒性大	200	做钢铁、木材表面的防潮、防腐
过氧乙烯防腐漆	G52-1	有良好的防腐性,能耐酸、碱和化学介质腐蚀,并能防毒、防潮	60	用于钢铁和木材表面,以喷涂为佳
漆酚树脂漆（自干漆）		与钢铁附着力强,涂膜坚硬,耐酸、耐水,毒性小	200 以下	用于金属表面做防腐涂剂

（2）涂漆施工要求。防腐涂料常用的施工方法有刷、喷、浸、浇等。施工中一般多采用刷和喷两种方法。

①防腐施工要求在室内涂装的适宜温度是 20～25 ℃,相对湿度在 65% 以下为宜。在室外施工时应无风沙、细雨,气温不宜低于 5 ℃,不宜高于 40 ℃,相对湿度不宜大于 85%,涂装现场应有防风、防火、防冻、防雨等措施;对管道表面应进行严格的防锈,除灰土,除油脂,除焊渣处理;表面处理合格后,应在 3 h 内涂罩第一层漆;控制好各涂料的涂装间隔时间,把握涂层之间的重涂适应性,必须达到要求的涂膜厚度,一般以 150～200 μm 为宜;操作区域应有良好的通风及通风除尘设备,防止中毒事故的发生。

②涂料使用前应搅拌均匀。表面已起皮的应过滤,然后按涂漆方法的需要,选择相应的稀释剂稀释至适宜稠度,调成的涂料应及时使用。

③采用手工涂刷时,用刷子将涂料均匀地刷在管道表面上。涂刷的操作程序是自上而下,自左至右纵横涂刷。

④采用喷涂时,利用压缩空气为动力,用喷枪将涂料喷成雾状,均匀地喷涂于管道表面上。喷涂操作环境应洁净,温度宜为 15～30 ℃,涂层厚度为 0.3～0.4 mm。涂层干燥后,用纱布打磨后再喷涂下一层。

（3）室内明装、暗装管道涂漆。

①明装镀锌钢管刷银粉漆 1 道或不刷漆,黑铁管及其支架等刷红丹底漆 2 道、银粉漆 2 道。

②暗装黑铁管刷红丹底漆 2 道。

(4)室外管道涂漆,包扎防腐材料。

①明装室外管道,刷底漆或防锈漆 1 道,再刷 2 道面漆。

②通行或半通行地沟里的管道,刷防锈漆 2 道,再刷 2 道面漆。

③埋地金属管防腐。铸铁管在其表面涂 1~2 道绝缘沥青漆即可;碳钢管埋在一般土壤里采用普通防腐(三油二布),即沥青、底漆、沥青 3 层,夹玻璃布 2 层塑料布,每层沥青厚 2 mm,总厚度不小于 6 mm;碳钢管埋在高腐蚀性土壤里采用加强防腐(四油三布),即沥青、底漆、沥青、沥青 4 层,夹玻璃布 3 层塑料布,每层沥青厚 2 mm,总厚度不小于 8 mm。

1.1.2 给水排水管道的保温

1.1.2.1 工艺流程

给水排水管道的保温工艺流程为:管道清理除锈→涂漆→绝热保温层→防潮层→保护层。

1.1.2.2 管道(设备)常用保温材料

保温材料的导热系数 $\lambda \leq 0.12$ W/(m·K),用于保冷的材料导热系数 $\lambda \leq 0.064$ W/(m·K)。常用的保温材料有:

(1)膨胀珍珠岩类。这类材料密度小,导热系数小,化学稳定性强,不燃烧,耐腐蚀,无毒无味,价廉,产量大,资源丰富,使用广泛。

(2)泡沫塑料类。这类材料密度小,导热系数小,施工方便,但不耐高温,适用于 60 ℃以下的低温水管道保温。聚氨酯泡沫塑料可现场发泡浇注成型,其强度高,但成本也高,此类材料可燃烧,防火性差,分为自熄型和非自熄型两种,应用时需注意。如聚苯乙烯泡沫塑料。

(3)普通玻璃棉类。这类材料耐酸,抗腐蚀,不烂,不怕蛀,吸水率小,化学稳定性好,无毒无味,廉价,寿命长,导热系数小,施工方便,但刺激皮肤。

(4)超细玻璃棉类。这类材料密度小,导热系数小,其余特性同普通玻璃棉。

(5)超轻微孔硅酸钙。这类材料含水量小于 3%~4%,耐高温。

(6)蛭石类。这类材料适用于高温场合,其强度大、廉价、施工方便。

(7)矿渣棉类。这类材料密度小,导热系数小,耐高温,廉价,货源广,填充后易沉陷,施工时刺激皮肤并且尘土大。

(8)石棉类。这类材料耐火、耐酸碱,导热系数较小。

(9)岩棉类。这类材料密度小,导热系数小,适用温度范围广,施工简单,但刺激皮肤。

1.1.2.3 常用管道(设备)保温的操作工艺

(1)预制式管道(设备)保温。一般将保温材料如泡沫塑料、硅藻土、石棉蛭石预制成扇型保温瓦,再将保温瓦包住管道。其施工要求为:

①将管子表面的锈蚀去除,涂 2 道防锈漆。

②绑扎保温瓦时应先在管子上涂一层厚 10 mm 的石棉灰。

③安装石棉瓦时应使横向接缝错开,并用与石棉灰或石棉瓦相同的粉状材料填塞。包围管周围的预制保温瓦最多不超过8块,块数为偶数。

④预制瓦每隔150 mm用直径1.5~2 mm的镀锌钢丝绑扎。

⑤弯管处必须留有膨胀缝(包含保护壳),并用石棉绳堵塞。

⑥保温层外径大于200 mm时,应在保温瓦外面用网格30 mm×30 mm~50 mm×50 mm的镀锌钢丝网绑扎。

⑦采用矿渣棉、玻璃棉制的保温瓦时,宜用油毡玻璃丝布做保护壳,不宜用石棉水泥做保护壳。

(2)包扎式管道(设备)保温。包扎式管道保温材料主要是沥青或沥青矿渣玻璃棉板(毡)。其施工要求为:

①将管子表面的锈蚀去除,涂两道防锈漆。

②先将成卷棉毡按管的规格裁剪成块,并将厚度修整均匀,保证棉毡的容重。

③保温层厚度按设计要求,如果单层达不到要求,可用2层或3层,横向接缝应紧密结合。搭接宽度为:管径小于200 mm时,宽度为50 mm;管径200~300 mm时,宽度为100 mm。

④包扎棉毡用的镀锌钢丝直径为1.0~1.4 mm,间距为150~200 mm。

⑤保护壳的做法为:第一层将350号石棉沥青毡用直径1.0~1.6 mm的镀锌钢丝,间距为250~300 mm,直接捆扎在保温层的外面。沥青毡搭接50 mm,纵向搭接应在管子侧面,口缝向下;第二层包扎密纹玻璃布,搭接约40 mm,每隔3 m用直径1.6 mm的镀锌钢丝绑扎。

⑥宜用油毡玻璃丝布做保护壳,不宜用易受潮的石棉水泥做保护壳,架空管道(室内)可用1 mm厚的硬纸板做保护壳。

1.2 室内给水工程的安装

1.2.1 室内金属给水管道及附件的安装

1.2.1.1 工艺流程

测量放线→预埋与预制加工→支架、吊架安装→干管安装→立管安装→支管安装→阀门安装→试压→管道保温→管道冲洗→管道消毒。

1.2.1.2 室内金属给水管道及附件操作工艺

安装时一般从总进水入口开始操作,总进口端口安装临时丝堵以备试压用,把预制完的管道运到安装部位按编号依次排开。安装前清扫管膛,螺纹连接管道抹上铅油、缠好生料带,用管钳按编号依次上紧,螺纹外露2~3个螺距,安装完后找正、找直、复核管径、方向和甩口位置。

1)测量放线

依据施工图进行放线,按实际安装的结构位置做好标记,确定管道支、吊架的位置。

2)预埋与预制加工

(1)孔洞预留。根据施工图中给定的穿管坐标和标高在模板上做好标记,将事先准备的模具用钉子钉在模板上或用钢筋绑扎在周围的钢筋上,固定牢靠。

（2）套管预埋。

①管道穿越地下室和地下构筑物的外墙、水池壁等均用设置防水套管。

②穿墙套管在土建砌筑时应及时套入，位置准确。过混凝土板墙的管道，在混凝土浇筑前安装好套管，与钢筋固定牢，同时在套管内放入松散材料，防止混凝土进入套管内。管道与套管之间的空隙用阻火填料密封。

（3）预制加工。

①按设计图画出管道的分路、管径、变径、预留管口及阀门位置等施工草图，按标记分段量出实际安装的准确尺寸，记录在施工草图上，然后按草图测得的尺寸预制组装。

②沟槽加工应按厂家操作规程执行。

3）支、吊架安装

（1）按不同管径和要求设置相应管卡，位置应准确，埋设应平整。

（2）固定支、吊架应有足够的刚度、强度，不得产生弯曲变形。

（3）钢管水平安装支、吊架的间距不得大于表4-2的规定。

表 4-2　钢管管道支、吊架的最大间距

公称直径（mm）		15	20	25	32	40	50	70	80	100	125	150	200	250	300
最大间距（m）	保温管	2	2.5	2.5	2.5	3	3	4	4	4.5	6	7	7	8	8.5
	不保温管	2.5	3	3.5	4	4.5	5	6	6	6.5	7	8	9.5	11	12

4）干管安装

（1）给水铸铁管的安装。

①清扫管腔及承插口内外侧的脏物，承口朝来水方向顺序排列，连接的对口间隙不应小于3 mm，找平后固定管道。管道拐弯和始端处应固定，防止捻口时发生轴向移动，管口随时封堵好。

②水泥接口、捻麻时将油麻绳拧成麻花状，用麻钎捻入承口内，承口周围间隙应保持均匀，一般捻入两圈半，约为承口深度的1/3。将油麻捻实后进行捻灰（水泥强度等级为32.5级，水灰比为1:9），用捻凿将灰填入承口，随填随捣，直至将承口打满。承口捻完后应用湿土覆盖或用麻绳等物缠住接口进行养护，并定时浇水，一般养护2～5 d，冬季应采取防冻措施。

③采用青铅接口的给水铸铁管在承口油麻打实后，用定型卡箍或包有胶泥的麻绳紧贴承口，缝隙用胶泥抹严，用化铅锅加热铅锭至500 ℃左右（液面呈紫红颜色），水平管灌铅口位于上方，将熔铅缓慢灌入承口内，使空气排出。对于大管径管道灌铅速度可适当加快，防止熔铅中途凝固。每个铅口应一次灌满，凝固后立即拆除卡箍或泥模，用捻凿将铅口打实（铅接口也可采用捻铅条的方式）。

（2）给水镀锌管安装。

①螺纹连接。管道抹上铅油，缠好生料带，用管钳按编号依次上紧，螺纹外露2～3个螺距，安装完后找正、找直，复核管径、方向和甩口位置，清扫麻头，做好防腐，所有管口要做好临时封堵。

②法兰连接。管径≤100 mm宜用螺纹法兰,管径＞100 mm应用焊接法兰,二次镀锌。法兰盘连接衬垫,一般冷水管采用橡胶垫;生活热水管采用耐热橡胶垫,垫片要与管径同心,不得多垫。

③沟槽连接。胶圈安装前除去管口端密封处的脏物,胶圈套在一根管的一端,然后将另一根管的一端与该管口对齐,同轴,两端要求留一定的空隙,再移动胶圈,使胶圈与两侧钢管的沟槽距离相等。胶圈外表面涂上专用润滑剂或肥皂水,将两瓣卡箍进沟槽内,再穿入螺栓,并均匀地拧紧螺母。

（3）铜管安装。

①安装前将管调直,冷调法适合外径≤108 mm的管道;热调法适合外径＞108 mm的管道。调直后管不应有内陷、破损等现象。

②薄壁铜管可采用承插式钎焊接口、卡套式接口和压接式接口。厚壁铜管可采用螺纹接口、沟槽式接口和法兰式接口。

ⅰ.钎焊连接:钎焊强度小,一般焊口采用插接形式。插接长度为管壁厚的6～8倍;管外径≤28 mm时,插接长度为1.2～1.5D。当铜管与铜合金管件焊接时,应在铜合金管件焊接处使用助焊剂,并在焊接完后清除管外壁的残余熔剂。覆塑铜管焊接时应先剥出不小于200 mm的裸铜管,焊接完成后复原覆塑层。

ⅱ.卡套式连接:管口断面应垂直平整,应使用专用工具将其整圆或扩口,安装应使用专用扳手,严禁使用管钳旋紧螺母。

ⅲ.压接式连接:使用专用压接工具,管材插入管件的过程中密封圈不得变形,压接时卡钳端面应与管件轴线垂直,达到规定压力时,延时1～2 s。

ⅳ.螺纹接口、沟槽式接口和法兰式接口同镀锌钢管。

5）立管安装

（1）立管明装。每层从上至下统一吊线安装管卡件,将预制好的立管按编号分层排开,按顺序安装,对好调直时的印记,复核甩口的高度、方向是否正确,支管甩口加好临时封堵。立管阀门安装的朝向应便于检修,安装完用线坠吊直找正,配合土建堵好楼板洞。

（2）立管暗装。竖井内立管安装的卡件应按设计和规范要求设置,安装在墙内的立管宜在结构施工时预留管槽,立管安装时吊直找正,用卡件固定,支管甩口应明露并做好临时封堵。

6）支管安装

预制好的支管从立管甩口处依次进行安装,有截门应将截门盖卸下再安装,根据管道的长度适当加好临时固定卡,核定不同卫生器具的冷热预留口高度、位置是否正确,找平、找正后栽支管卡件,上好临时丝堵。

（1）支管明装。安装前应配合土建正确预留孔洞和预埋套管。支管如装有水表,应先装上连接管,试压、冲洗合格后在交工前卸下连接管,安装水表。

（2）管道嵌墙、直埋敷设时,宜在砌墙时预留凹槽。其尺寸为:深度 De＋20 mm;宽度De＋（40～60）mm;凹槽表面必须平整,管道安装、固定、试压合格后用M7.5级水泥砂浆填补。

（3）管道在楼板面层直埋时,应在板找平层预留管槽,其深度≥De＋20 mm;宽度 De＋

40 mm;管道安装、固定、试压合格后用板找平层相同的水泥砂浆填补。

（4）管道穿墙时可预留孔洞，墙管或孔洞内径宜为管外径 De +50 mm。

（5）支管暗装。确定支管高度后画线定位，剔出管槽，将预制好的支管敷在槽内，找平、找正定位后用勾钉固定。卫生器具的冷热水预留口要做在明处，加好丝堵。

7）阀门安装

阀门安装前应做耐压强度试验，试验应从每批（同牌号、同规格、同型号）数量中抽查10%且不小于1个，如有漏，不合格，应再抽查20%，仍有不合格的，应逐个试验。对于安装在主干管上起切断作用的闭路阀门，应逐个进行强度和严密性试验，强度试验压力为公称压力的1.5倍，严密性试验应为公称压力的1.1倍。

阀门强度试验是阀门在开启状态下进行的试验，检查阀门外表面的渗漏情况。

阀门严密性试验是指阀门在关闭状态下进行的试验，检查阀门密封面是否渗漏。

阀门安装的一般规定如下：

（1）阀门与管道或设备的连接有螺纹连接和法兰连接两种。安装螺纹阀门时，两法兰应互相平行且同心，不得使用双垫片。

（2）水平管道上阀门、阀杆、手轮不可朝下安装，宜向上安装。

（3）并排立管上的阀门，高度应一致整齐，手轮之间应便于操作，净距不应小于100 mm。

（4）安装有方向要求的疏水阀、减压阀、止回阀、截止阀，一定要使其安装方向与介质的流动方向一致。

（5）安装换热器、水泵等设备体积和重量较大的阀门时，应单设阀门支架，操作频繁、安装高度超过1.8 m的阀门，应设固定的操纵平台。

（6）安装于地下管道上的阀门应设在阀门井内或检查井内。

（7）减压器的安装是以阀组的形式出现的。阀组由减压阀、前后控制阀、压力表、Y型过滤器、可挠性橡胶接头及螺纹连接的三通、弯头、活接头等管件组成。阀组又称为减压器。减压阀有方向性，安装时不得反装。

（8）疏水器的安装。疏水阀常由前后的控制阀、旁通装置、冲洗和检查装置等组成阀组，成为疏水器。

8）管道试压

管道试验压力为管道工作压力的1.5倍，但不得小于0.6 MPa。管道水压试验应符合下列规定：

（1）水压试验前管道应固定牢靠，接头须明露，支管不宜连通卫生器具配水件。

（2）加压宜用手压泵，泵和测量压力的压力表应装在管道系统的底部最低点（不在最低点应折算几何高差的压力值），压力表精度为0.01 MPa，量程为试压值的1.5倍。

（3）管道注满水后排出管内空气，封堵各排气出口，进行严密性检查。

（4）缓慢升压，升至规定试验压力，10 min 内压力降不得超过0.02 MPa，然后降至工作压力检查，压力应不降且不渗不漏。

（5）直埋在地板面层和墙体内的管道，分段进行水压试验，试验合格后土建方可继续施工。

9）管道保温

管道保温见上节。

10）管道冲洗、通水试验

（1）管道系统在验收前必须进行冲洗，冲洗水应采用生活饮用水，流速不得小于1.5 m/s，连续进行，当出水水质和进水水质的透明度一致时为合格。

（2）系统冲洗完毕后应进行通水试验，按给水系统1/3的配水点同时开放，各排水点应通畅，接口处无渗漏。

11）管道消毒

（1）给水管道使用前应进行消毒。管道冲洗通水后把管道内水放空，各配水点与配水件连接后，进行管道消毒，向管道灌注消毒溶剂浸泡24 h以上。消毒结束后，放空管道内消毒液，再用生活饮用水冲洗管道。

（2）管道消毒完后打开进水阀，向管道供水，打开配水龙头适当放水，在管网最远处取水样，经卫生监督部门检验合格后方可交付使用。

1.2.2　室内非金属给水管道及附件的安装

1.2.2.1　工艺流程

测量放线→加工→管道敷设、连接→管道固定→水压试压→管道冲洗→管道消毒。

1.2.2.2　钢塑复合管安装工艺

钢塑复合管的安装同金属给水管道的安装。

1.2.2.3　PPR塑料给水管安装工艺

1）测量放线

依据施工图进行放线，按实际安装的结构位置做好标记，确定管道支、吊架的位置，同时管道的标识应面向外侧，处于明显位置。

2）预制加工

（1）管材切割前必须测量和计算好管长，用铅笔在管表面画出切割线和热熔连接深度线，连接深度见管材要求。

（2）切割管材应用管子剪、断管器、管道切割机，不宜用钢锯。

3）管道敷设

（1）管道嵌墙、直埋敷设时，宜在砌墙时预留凹槽。其尺寸为：深度 De + 20 mm；宽度 De + （40～60）mm；凹槽表面必须平整，管道安装、固定、试压合格后用 M7.5 级水泥砂浆填补。

（2）管道在楼板面层直埋时，应在板找平层预留管槽，其深度为≥De + 20 mm；宽度为 De + 40 mm；管道安装、固定、试压合格后用板找平层相同的水泥砂浆填补。

（3）PPR管道与其他金属管平行敷设，应有一定保护距离（≥100 mm），且 PPR 管宜在金属管的内侧。

（4）室内明装管道安装前应配合土建预留孔洞和预埋套管，管穿楼板应设硬质套管（内径为 De + （30～40）mm），套管两端应与墙的装饰面持平。

（5）建筑物埋地引入管或室内埋地管道铺设要求如下：

①室内地坪 ±0.00 以下管道铺设分两阶段进行。先铺设室内管至基础墙外壁500

mm 为止,待土建施工结束,再进行户外管道的铺设。

②室内地坪以下管的铺设,待土建回填土夯实,重新开挖管沟敷设。

③管道穿越基础墙处应设金属套管。套管顶与基础墙预留孔的孔顶之间预留的高度应按建筑物的沉降量确定,但不应小于 100 mm。

4）管道连接

（1）热熔连接。按设计图将管材插入管件,达到规定的热熔深度。

（2）法兰连接。将法兰盘套在管道上,有止水线的面应相对;校正两个对应的连接件,使连接的两片法兰垂直于管道中心线,表面相互平行;法兰衬垫应采用耐热无毒橡胶垫;法兰连接部位应设置支架、吊架。

5）卡件固定

（1）管道安装时应选相应的管卡。

（2）采用金属支架、吊架、管卡时,宜采用扁铁制作的鞍形管卡,不得采用圆钢制作的 U 形管卡。

（3）立管、横管支架、吊架或管卡的间距不得大于表 4-3 和表 4-4 的规定,直埋式管道的管卡间距,冷、热水管均可用 1.00~1.50 m。

表 4-3　冷水管支架、吊架的最大间距

公称外径（mm）	20	25	32	40	50	63	75	90	110
横管（m）	0.40	0.50	0.65	0.80	1.00	1.20	1.30	1.50	1.80
立管（m）	0.70	0.80	0.90	1.20	1.40	1.60	1.80	2.00	2.20

表 4-4　热水管支架、吊架的最大间距

公称外径（mm）	20	25	32	40	50	63	75	90	110
横管（m）	0.30	0.40	0.50	0.65	0.70	0.80	1.00	1.10	1.20
立管（m）	0.60	0.70	0.80	0.90	1.10	1.20	1.40	1.60	1.80

6）压力试验

（1）冷水管道试验压力应为管道系统设计工作压力的 1.5 倍,但不得小于 1.0 MPa。

（2）热水管道试验压力应为管道系统设计工作压力的 2.0 倍,但不得小于 1.5 MPa。

7）冲洗、消毒

（1）管道系统在验收前必须进行冲洗,冲洗水应采用生活饮用水,流速不得小于 1.5 m/s,连续进行,当出水水质和进水水质的透明度一致为合格。

（2）给水管道使用前应进行消毒。管道冲洗通水后把管道内的水放空,各配水点与配水件连接后,进行管道消毒,向管道灌注消毒溶剂浸泡 24 h 以上。消毒结束后,放空管道内的消毒液,再用生活饮用水冲洗管道。

（3）管道消毒完后打开进水阀向管道供水,打开配水龙头适当放水,在管网最远处取水样,经卫生监督部门检验合格后方可交付使用。

1.2.3 室内给水设备及附件的安装

1.2.3.1 工艺流程

开箱验收→基础验收→设备安装→设备单体试验。

1.2.3.2 设备开箱验收操作工艺

(1)设备进场后应会同建设、监理单位共同进行设备开箱验收,按照设计文件检查设备的规格、型号是否符合要求,技术文件是否齐全,并做好相关记录。

(2)按装箱清单和设备技术文件,检查设备所带备件、配件是否齐全有效,设备所带的资料和产品合格证应齐备、准确,设备表面是否有损坏、锈蚀等现象。

1.2.3.3 设备基础验收操作工艺

(1)基础混凝土的强度等级是否符合设计要求。

(2)核对基础的几何尺寸、坐标、标高、预留洞是否符合设计要求,并做好相关的质量记录。

1.2.3.4 设备安装操作工艺

1)设备就位

复核基础的几何尺寸,地脚螺栓孔的大小、位置、间距和垂直度是否符合要求;用水平尺测定纵横向水平度,修整找平后进行设备就位。

2)水泵安装

水泵按其安装形式有带底座水泵和不带底座水泵两种。带底座水泵是指水泵和电机一起固定在同一底座上,工程中多用带底座水泵。不带底座水泵是指水泵和电机分设基础,工程中不多用。

水泵的安装程序是放线定位、基础预制、水泵安装配管及附近安装和水泵的试运转。

(1)水泵的基础。水泵就位前的基础混凝土的强度、坐标、标高、尺寸和螺栓孔位置必须符合设计要求,不得有麻坑、露筋、裂缝等缺陷。

(2)吊装就位。清除水泵底座底面泥土、油污等脏物,将水泵连同底座吊起,放在水泵基础上,用地脚螺栓和螺母固定,在底座与基础之间放垫铁。

(3)吊装调整位置。调整底座位置是底座上的中心点与基础的中心线重合。

(4)吊装安装水平度。水泵的安装水平度不得超过 0.01 mm/m,用水平尺检查,用垫铁调平。

(5)吊装调整同心度。调整水泵和电机与底座的紧固螺栓,使泵轴与电机轴同心。

(6)二次浇灌混凝土。水泵就位各项调整合格后,将地脚螺栓上的螺母拧好,然后将细石混凝土捣入基础螺栓孔内,浇灌地脚螺栓孔的混凝土强度等级比基础混凝土强度等级高一级。

3)配管及附件安装

(1)吸水管路。水泵吸入管直径不应小于水泵的入口直径,水泵吸水入口处应装上平偏心大小头,其长度不应小于大小管径差的 5~7 倍。吸水管路宜短并尽量减少转弯。水泵入口前的直管段长度不应小于管径的 3 倍。

当泵的安装位置高于吸水液面,泵的入口直径小于 350 mm 时,应设底阀;入口直径大于或等于 350 mm 时,应设真空引入装置。自罐式安装式时应装闸阀。

当吸水管路装设过滤网时,过滤网的总过滤面积不应小于吸水管口面积的 2~3 倍;为防止滤网阻塞,可在吸水池进口或吸水管周围加设拦污网或拦污格栅。

(2)压水管路。压水管路的直径不应小于水泵的出口直径,应安装闸阀和止回阀。

所有与水泵连接的管路应具有独立、牢固的支架,以削减管路的振动和防止管路的重量压在水泵上。高温管路应设置膨胀节,防止热膨胀产生的压力完全加在水泵上。水泵的进出水管多采用可挠性橡胶接头连接,以防止泵的振动和噪声沿管路传播。

4)稳压罐安装

罐顶至建筑结构最低点的距离不得小于 1.0 m,罐与罐之间及罐壁与墙面之间的净距不宜小于 0.7 m;稳压罐应安装在平整的地面上,安装应牢固;稳压罐按图纸及设备说明书的要求安装设备附件。

1.2.3.5 设备试验及试运转

1)水泵试运转

(1)先做电机单机试运转,核实电机的旋转方向,转向正确后再进行连接。

(2)手动盘车观察轴转动是否灵活,无卡阻,各固定连接部分无松动。

(3)离心泵必须灌满水才能启动,且不可在出口阀门全闭的情况下运转时间过长。

(4)水泵在额定工况点连续试转的时间不小于 2 h,高速泵及特殊要求的泵试运转时间应符合设计技术文件的规定。

(5)水泵试运转的轴承温升,滑动轴承不大于 70 ℃,滚动轴承不大于 80 ℃,特殊轴承必须符合设备说明书的规定。

2)稳压罐压力试验

稳压罐安装前应做压力试验,以工作压力的 1.5 倍做水压试验,但不得小于 0.4 MPa,水压试验在试验压力下 10 min 内无压降、不渗不漏为合格。

1.3 室内排水工程的安装

1.3.1 室内金属排水管道及附件的安装

1.3.1.1 工艺流程

管道预制→吊托架安装环→干管安装→立管安装→支管安装→附件安装→通球试验→灌水试验→管道防结露。

1.3.1.2 室内金属排水管道及附件操作工艺

1)管道预制

管道预制前应先做好除锈和防腐处理。

(1)排水立管预制。依据设计层高及各层地面做法厚度,按照设计要求,确定排水立管检查口及支管甩口标高,绘制加工草图。一般立管检查口中心离地 1.0 m,排水甩口应保证支管的坡度,使支管最末端承口距离楼板不小于 100 mm,应尽量增加立管的预制管段的长度。预制好的管道应进行编号,码放在平坦的场地,管段下面用方木垫实。

(2)排水横支管预制。按照每个卫生器具的排水管中心到立管甩口,及到排水横支管的垂直距离绘制大样图,然后依据实量尺寸结合大样图排列、配管。

(3)预制管道的养护。捻好灰口的预制管段,应用湿麻绳缠绕灰口养护,常温下保持湿润24~48 h后方可运至现场。

2）排水干管管托、吊架安装

（1）排水干管在设备层安装，首先依据设计图纸的要求将每根排水干管管道中心线弹到顶板上，然后安装托、吊架，吊架根部一般采用槽钢形式。

（2）排水管道支、吊架间距。横管不大于2 m，立管不大于3 m。楼层高度小于等于4 m时，立管可安装一个固定件。

（3）高层排水立管与干管连接处应加设托架，并在首层安装立管卡子。高层排水立管托架可隔层设置落地托架。

（4）支、吊架应考虑受力情况，一般架设在三通、弯头或放在承口后，然后按照设计及施工规范要求的间距加设支、吊架。

3）排水干管安装

排水管道坡度应符合设计要求，设计无要求时以设计规范为准。

（1）将预制好的管段放到已经夯实的回填土上或管沟内，按照水流方向从排出位置向室内顺序排列，根据施工图纸的坐标、标高调整位置和坡度加设临时支撑，并在承插口的位置挖好工作坑。

（2）在捻口之前，先将管道调直，各立管及首层卫生器具甩口找正，用麻钎把拧紧的青麻打进承口，一般为两圈半。将水灰比为1:9的水泥捻口灰装在灰盘内，自下而上边填边捣，直至将灰口打满打实，有回弹的感觉为合格，灰口凹入承口边缘不大于2 mm。

（3）排水排出管安装时，先检查基础或外墙预埋防水套管尺寸、标高，将洞口清理干净，然后从墙边使用双45°弯头或弯曲半径不小于4倍管径的90°弯头，与室内排水立管连接，再与室外排水管连接，伸出室外。

（4）排水排出管穿基础时应预留好基础的下沉量。

（5）管道铺设好后，按照首层地面标高将立管及卫生器具的连接短管接至规定高度，预留的甩口做好临时封堵。

4）排水立管安装

（1）安装立管前，应先在顶层立管预留洞口吊线，找准立管中心位置，在每层地面上或墙面上安装立管支架。

（2）将预制好的管段移至现场，安装立管时两人配合，一人在楼板上的预留洞口甩下绳头，下面一人用绳子将立管上部拴牢，然后两人配合将立管插入承口中，用支架将立管固定，再进行接口的连接。高层建筑球墨铸铁排水管接口形式有两种：W形无承口连接和A形柔性接口。

W形无承口连接时，先将卡箍内的橡胶圈取下，把卡箍套入下部管道，把橡胶圈的一半套在下部管道的上端，再将上部管道的末端套入橡胶圈，将卡箍套在橡胶圈的外面，使用专用工具拧紧卡箍即可。

A形柔性接口先在插口上部画好安装线，一般承插口之间保留5~10 mm的间隙，在插口上套入法兰压盖机橡胶圈，橡胶圈与安装线对齐，将插口插入承口内，保证橡胶圈插入承口深度相同，然后压紧法兰盖，拧紧螺栓，使橡胶圈均匀受压。

（3）立管插入承口后，下面的人把立管检查口及支管甩口的方向找正，立管检查口的朝向应便于维修操作,上面的人把立管临时固定在支架上,然后一边卡箍一边吊直,最好拧紧卡箍并复核垂直度。

(4)立管安装完后,应用不低于楼板强度等级的细石混凝土将洞口堵实。

(5)高层建筑有通气管时,应采用专用通气管件连接通气管。

5)排水支管安装

(1)安装支管前,应先按照管道走向及支、吊架间距的要求栽好吊架,并按照坡度要求量好吊杆长度。将预制好的管道套好吊环,把吊环与吊杆用螺栓连接牢固,将支管插入立管预留承口中,卡箍。

(2)在地面防水前应将卫生器具或排水配件的预留管安装到位,如器具或配件的排水接口为螺纹接口,预留管可用钢管。

6)排水附件安装

(1)地漏安装。依据土建给出的建筑标高线计算出地漏的安装高度,地漏格栅与周围装饰地面5 mm不得抹死。

(2)清扫口安装。连接2个及2个以上的大便器或3个及3个以上的卫生器具的铸铁排水横管上宜设清扫口;连接4个及4个以上的大便器的塑料排水横管上宜设清扫口;在管径小于100 mm的排水管道上设置清扫口,其尺寸应与管道同径;管径≥100 mm的排水管道上设置清扫口应采用DN100清扫口;在排水横管上设清扫口宜设置在楼板上且与地面相平,横管起点的清扫口与其端部相垂直的墙面的距离不得小于0.15 m。

(3)检查口安装。铸铁排水立管检查口的距离不宜大于10 m,塑料排水立管宜每六层设置一个检查口,但在建筑物的最低层及设有卫生器具的二层以上建筑物的最上层应设置检查口;立管上检查口的高度应在地面以上1.0 m,并应高于该层卫生器具上边缘0.15 m。

埋地横管设置检查口应设在砌砖的井内;检查口的检查盖应面向便于检查清扫的方位,横干管上的检查口应垂直向上。

7)通球试验

(1)排水立管、干管安装完后,必须做通球试验,通球率为100%。根据立管管径选择可击碎小球,球径为管径的2/3,从立管顶部投入小球,并用小线系住小球,在干管检查口或室外排水口处观察,发现小球为合格。

(2)干管通球试验。从干管起始端投入塑料小球,并向干管通水,在户外的第一个检查井处观察,发现小球流出为合格。

8)灌水试验

(1)隐蔽或埋地的排水管道在隐蔽前应做灌水试验,其灌水高度不低于底层卫生器具的上边缘或底层地面高度,满水15 min水面下降后,再灌满观察5 min,液面不降,管道及接口无渗漏为合格。

(2)暗装或铺设在垫层中及吊顶内的排水支管安装完毕后,在隐蔽前应做灌水试验,高层建筑应分区、分段,再分层试验。试验时先打开立管检查口,测量好检查口与水平支管下皮的距离在胶管上做好记号,将胶囊由检查口放入立管中,达到标记后向气囊中充气,然后向立管连接的第一个卫生器具内灌水。灌到器具边缘下5 mm处等待15 min后再灌满并观察 5 min,液面不降为合格。

9)管道保温

管道通球、灌水试验完毕后,对于隐蔽在吊顶、管沟、管井内的排水管道应依据设计要求对管道进行防冻和防结露保温。

10)洁具安装

(1)安装前检查洁具规格、型号是否与设计相符,并应有出厂合格证、检测报告。洁具配件应有检测报告及该地区准用证。

(2)安装工艺:安装前准备→洁具配件检查→洁具安装→配件预装→质量检查→通水试验→竣工验收。

(3)洁具安装的坐标均按设计位置进行,标高按规范及有关标准进行施工,应平整牢固,同时查对洁具样本确定甩口坐标,必须保证甩口准确无误。

(4)洁具安装完后,在竣工前应进行通水试验,各器具均做满水试验,排水通畅无堵塞,做到各接口严密不渗漏。

1.3.2 室内非金属排水管道及附件的安装

1.3.2.1 工艺流程

管道预制加工→干管安装→立管安装→支管安装→附件安装→通球试验→灌水试验→管道防结露。

1.3.2.2 室内非金属排水管道及附件操作工艺

1)管道预制加工

(1)依据设计图纸要求及结合实际情况,测量尺寸,绘制加工草图。

(2)根据实测小样图和结合各连接管件的尺寸量好管道长度,采用细齿轮、砂轮机进行配管和断管。断口要平齐。

(3)支管及管件较多的部位应先进行预制加工,码放在平坦的场地,管段下面用方木垫实。

2)排水干管安装

(1)非金属排水管一般采用承插黏结连接方式。

(2)承插黏结方法。将配好的管材与配件进行试插,插入深度约为承口深度的 3/4,并在插口管端的表面画出标记。依据草图量好管道的长度,进行断管,试插合格后用棉布将承插口需黏结的部位上的水分、灰尘弄干净,如有油污,需用丙酮除掉。用毛刷涂抹胶粘剂,先涂抹承口,后涂抹插口,随即用力垂直插入,插入黏结时,将插口稍作转动,以利胶粘剂分布均匀,30~60 min 即可黏结牢固,多口黏结时应注意预留口方向。

(3)埋入地下时,按设计坐标、标高、坡向开挖槽沟并夯实。采用托吊架安装时,应按设计坐标、标高、坡向做好托吊架。

(4)施工条件具备时将预制加工好的管段按编号运至安装部位进行安装。

(5)管道穿越地下室外墙时应采用防水套管。

3)排水立管安装

(1)首先按设计坐标、标高要求校核预留孔洞,其尺寸可比管外径大 50~100 mm。

(2)清理已预留的伸缩节,将锁母拧下,取出橡胶圈,清理杂物。立管插入应先计算插入长度,做好标记,然后涂上肥皂水,套上锁母及橡胶圈,将管端插入标记处锁紧锁母。

（3）安装时先将立管上端伸入上一层洞口内,垂直用力插入至标记为止。合适后用U形抱卡紧固,找正找直,三通口中心符合要求,有防水要求的,必须安装止水环,保证止水环在板洞中心位置,临时封堵各个管口。

（4）管道穿越楼板处为非固定支承点时,应加装金属或塑料套管,套管内径比穿越管外径大两号,套管高出地面不得小于 50 mm(厕所厨房)及 20 mm(其他地方)。

（5）排水塑料管与铸铁管连接时,宜用专用配件。当采用水泥捻口时应先将塑料管插入承口部分的外侧,用砂纸打毛或涂刷黏结剂滚捻干燥的粗砂。插入后应用油麻丝填嵌均匀,用水泥捻口。

4) 排水支管安装

（1）首先按设计坐标、标高要求校核预留孔洞,其尺寸可比管外径大 40～50 mm。

（2）清理场地,按需要支搭操作平台,将预制好的支管按编号运至现场。

（3）将支管水平初步吊起,涂抹胶粘剂,用力推入预留管口。

（4）连接卫生器具的短管一般伸出净地面 10 mm,地漏甩口低于净地面 5 mm。

（5）依据管长调整坡度。合适后固定卡架,封堵各预留管口和堵洞。

5) 配件安装

（1）干管清扫口及检查口设置同金属排水管。

（2）伸缩节的安装。管端插入伸缩节处预留的空隙应为:夏季,5～10 mm;冬季,15～20 mm。排水支管在楼板下方接入时,伸缩节应设置于水流汇合管件之下;排水支管在楼板上方接入时,伸缩节应设置于水流汇合管件之上;当横支管超过 2 m 时,应设置伸缩节,但伸缩节最大间距不得超过 4 m,横管上设置伸缩节应设在水流汇合管件的上游端。立管在层高≤4 m 时,每层设一个伸缩节;在层高 >4 m 时应计算确定。伸缩节承口端应逆水流方向。立管穿越楼板处固定,伸缩节不得固定;伸缩节固定时,立管穿越楼板处不得固定。

（3）高层建筑明敷管道阻火圈或防火套管的安装。当立管管径≥100 mm 时,在楼板穿越部位应设置阻火圈或长度不小于 500 mm 的防火套管。管径≥100 mm 的横支管与暗设立管相连时,墙体穿越部位应设置阻火圈或长度不小于 300 mm 的防火套管,且防火套管明露部分长度不宜小于 200 mm。横干管穿越防火分区隔墙时,在管的两侧应设置阻火圈或长度不小于 500 mm 的防火套管。

6) 支架安装

（1）立管穿越楼板处可按固定支座设计,管井内的立管固定支座应支承在每层楼板处或井内设置的刚性平台和综合支架上。在层高≤4 m 时,立管每层可设一个滑动支座;在层高 >4 m 时,立管滑动支座的间距不宜大于 2 m。

（2）横管上设置伸缩节时,每个伸缩节应按要求设置固定支座。横管穿承重墙处可按固定支架设计。

（3）固定支架应用型钢制作并锚固在墙或柱上,悬吊在楼板、梁或屋架下的横管的固定支架的吊架应用型钢制作并锚固在承重结构上。

（4）悬吊在地下室的架空排出管,在立管底部肘管处应设置托吊架,防止管内落水的冲击。

（5）排水塑料管支、吊架的间距应符合表4-5的规定。

表4-5　排水塑料管支架、吊架的间距

公称外径(mm)	50	75	110	125	160
横管(m)	0.50	0.75	1.10	1.30	1.60
立管(m)	1.2	1.5	2.0	2.0	2.0

7）通球、灌水试验

同金属排水管通球、灌水试验。

8）管道保温

根据设计要求做好排水管道吊顶内横支管防结露保温。

1.4　室内热水管道及配件安装

1.4.1　工艺流程

准备工作→预制加工→支架安装→管道安装→配件安装→管道冲洗→防腐保温→综合调试。

1.4.2　操作工艺

1.4.2.1　准备工作

（1）复核预留孔洞、预埋件的尺寸、位置、标高。

（2）根据设计图纸画出管路的分布走向、管径、变径、甩口的坐标、标高、坡度坡向及支、吊架的位置，画出系统的节点图。

1.4.2.2　预制加工

（1）依据设计图纸及结合现场测量管段尺寸，绘制加工草图。

（2）将预制加工好的管段编号，放在平坦的场地，管段下面用方木垫实。

1.4.2.3　支架安装

（1）支架、吊架、托架的安装应符合下列规定：

①固定支架与管道接触应紧密，固定要牢靠；滑动支架应灵活，滑托与滑槽两侧间应留有3～5 mm的空隙。

②有热伸长管道的吊架、吊杆应有向热膨胀的反方向偏移。

（2）镀锌钢管水平安装支、吊架的间距不得大于表4-2的规定。

（3）铜管垂直和水平安装的支、吊架间距应符合表4-6的规定

表4-6　铜管管道支、吊架的最大间距

公称直径(mm)		15	20	25	32	40	50	65	80	100	125	150	200
最大间距 (m)	垂直管	1.8	2.4	2.4	3.0	3.0	3.0	3.5	3.5	3.5	3.5	4.0	4.0
	水平管	1.2	1.8	1.8	2.4	2.4	2.4	3.0	3.0	3.0	3.0	3.5	3.5

（4）复合管垂直和水平安装的支、吊架间距应符合表4-7的规定。采用金属制作的管

道支架,应在管道与支架间加非金属垫。

1.4.2.4　管道安装

工程中热水常用管材为铜管与复合管,以下主要讲述它们的安装。

(1)铜管连接可采用专用接头或焊接。管径小于 22 mm 时宜用承插或套管焊接,承口应朝介质的流向安装;管径≥22 mm 时采用对口焊接。

表 4-7　复合管管道支、吊架的最大间距

公称直径(mm)		16	20	25	32	40	50	63	75	90	100
最大间距（m）	垂直管	0.7	0.9	1.0	1.1	1.3	1.6	1.8	2.0	2.2	2.4
	水平管	0.25	0.3	0.35	0.4	0.5	0.6	0.7	0.8	—	—

(2)复合管安装要求参见低温热水地板辐射采暖系统安装。

(3)热水管道安装注意事项:

①热水管道穿过建筑物的楼板、墙壁和基础时应加套管,以防管道膨胀、伸缩、移动造成管外壁四周出现裂缝,而引起上层漏水到下层的事故。一般套管内径应比通过热水管的外径大 2 号,中间填沥青膏等软密封防水填料。当穿过有可能发生积水的房间地面或楼板面时,其套管应高出地面 50~100 mm。热水管道在吊顶内穿墙时,可预留孔洞。

②为保证正常运行、方便检修,热水管网在下列管段上装设阀门:

ⅰ.与配水、回水干管连接的分干管。

ⅱ.配水立管和回水立管。

ⅲ.从立管接出的支管。

ⅳ.3 个及 3 个以上配水点的配水支管。

ⅴ.与水加热设备、水处理设备及温度、压力等控制阀件连接处的管段上。

③热水管道在下列管段上应装设止回阀:

ⅰ.水加热器或贮水罐的冷水供水管。

ⅱ.机械循环的第二循环回水管。

ⅲ.冷热水混合气的冷、热水供水管。

④热水横干管均应保持有不小于 0.003 的坡度,配水横干管应沿水流方向上升,以利于管道中的气体向高点聚集,便于排放;回水横管应沿水流方向下降,便于检修时泄水和排除管内污物。这样布管还可以保持配水管、回水管的坡向一致,方便施工。

⑤热水立管与横管连接时,为避免管道伸缩应力破坏管网,应采用"乙"字弯的连接方式。

1.4.2.5　配件安装

阀门安装及其他参见有关安装资料。

1.4.2.6　管道试压、管道冲洗、管道保温

参照给水管道及管道保温。

1.4.2.7　综合调试

(1)检查热水系统阀门是否全部打开。

（2）开启热水系统的加压设备向各个配水点送水，将管端与配水件接通，并以管网的设计工作压力供水，将配水件分批开启，各配水点的出水应通畅；高点放气阀反复开启几次，将系统中的空气排净。检查热水系统全部管道及阀件有无渗漏、热水管道的保温质量。

（3）开启系统各个配水点，检查通水情况，记录热水系统的供回水温度及压差，待系统正常运行后，做好系统的试运行记录，办理交工验收手续。

1.5 室外给水排水管网安装

1.5.1 室外给水排水管网安装工艺流程

准备工作→测量放线→开挖管沟→沟底找坡→沟基处理→下管、上架→管道安装→试压、回填。

1.5.2 给水排水管道安装的基本技术要求

室外给水排水系统常用管材及连接方法见表4-8。

表4-8 室外给水排水系统常用管材及连接方法

管材	用途	连接方式
给水铸铁管	DN≥75 mm 的生活、消防、生产给水管	承插连接或法兰连接
镀锌钢管	生活给水管	DN≤100 mm 时螺纹连接,DN>100 mm 时,法兰或长套式连接
塑料管 复合管	生活给水管	橡胶圈接口、黏结接口、热熔连接、专用管件连接或法兰连接
混凝土管 钢筋混凝土管	生活污水管	承插连接或套箍连接
排水铸铁管	生活污水、雨水、工业废水管（DN≤200 mm）	承插口连接
塑料管	生活污水管	黏结接口

（1）埋设间距。室外给水排水管道与其他管道和构筑物的最小埋设间距应符合规定。给水管与排水管交叉时,给水管应在排水管上方。如因条件限制,给水管必须安装在排水管下方时,在交叉处应设保护套管。

（2）埋设深度。室外给水排水管道的埋设深度应考虑冰冻深度、地面荷载、管材强度、管道交叉、阀门高度等因素。

（3）附属构筑物。室外给水排水管网的附属构筑物有检查井、化粪池、阀门井、室外消火栓井、管道支墩等,这些构筑物的形状、构造尺寸可参考有关标准图集。

（4）排水管道的坡度。排水管道的坡度必须符合要求。

1.5.3 室外给水管网安装

1.5.3.1 一般规定

（1）输送生活给水的管道应采用塑料管、复合管、镀锌钢管或给水铸铁管。塑料管、复合管或给水铸铁管的管材、配件,应是同一厂家的配套产品。

（2）架空或在地沟内敷设的室外给水管道，其安装要求按室内给水管道的安装要求执行。塑料管道不得露天架空敷设，必须露天架空敷设时应有保温和防晒等措施。

（3）消防水泵接合器及室外消火栓的安装位置、型式必须符合设计要求。

1.5.3.2 给水管道的安装

（1）给水管道在埋地敷设时，应在当地的冰冻线以下，如必须在冰冻线以上敷设时，应做可靠的保温防潮措施。在无冰冻地区，埋地敷设时，管顶的覆土埋深不得小于 500 mm。穿越道路部位的埋深不得小于 700 mm。

（2）给水管道不得直接穿越污水井、化粪池、公共厕所等污染源。

（3）管道接口法兰、卡口、卡箍等应安装在检查井或地沟内，不应埋在土壤中。

（4）给水系统各种室内的管道安装，如设计无要求，井壁距法兰或承口的距离为管径小于等于 450 mm 时，不得小于 250 mm；管径大于 450 mm 时，不得小于 350 mm。

（5）管网必须进行水压试验，试验压力为工作压力的 1.5 倍，但不得小于 0.6 MPa。

检验方法：管材为钢管、铸铁管时，试验压力下 10 min 内压力降不应大于 0.05 MPa，然后降至工作压力进行检查，压力应保持不变，不渗不漏；管材为塑料管时，试验压力下，稳压 1 h 压力降不大于 0.05 MPa，然后降至工作压力进行检查，压力应保持不变，不渗不漏。

（6）镀锌钢管、钢管的埋地防腐必须符合设计要求，卷材与管材间应粘贴牢固，无空鼓、滑移、接口不严等。

（7）给水管道在竣工后，必须对管道进行冲洗，饮用水管道还要在冲洗后进行消毒，满足饮用水卫生要求。

检验方法：观察冲洗水的浊度，查看有关部门提供的检验报告。

（8）管道的坐标、标高、坡度应符合设计要求。

（9）管道和金属支架的涂漆应附着良好，无脱皮、起泡流淌和漏涂等缺陷。

（10）管道连接应符合工艺要求，阀门、水表等安装位置应正确。塑料给水管道上的水表、阀门等设施，其重量或启闭装置的扭矩不得作用于管道上，当管径≥50 mm 时必须设独立的支承装置。

（11）给水管道与污水管道在不同标高平行敷设，其垂直间距在 500 mm 以内时，给水管道管径小于等于 200 mm 的，管壁水平间距不得小于 1.5 m；管径大于 200 mm 的，不得小于 3 m。

1.5.3.3 消防水泵接合器及室外消火栓安装

（1）系统必须进行水压试验，试验压力为工作压力的 1.5 倍，但不得小于 0.6 MPa。

检验方法：试验压力下，10 min 内压力降不大于 0.05 MPa，然后降至工作压力进行检查，压力保持不变，不渗不漏。

（2）消防管道在竣工前，必须对管道进行冲洗。检验方法：观察冲洗出来的浊度。

（3）消防水泵接合器和消火栓的位置标志应明显，栓口的位置应方便操作。消防水泵接合器和室外消火栓当采用墙壁式时，如设计未要求，进、出水栓口的中心安装高度距地面应为 1.10 m，其上方应设有防坠落物打击的措施。

（4）室外消火栓的消防水泵接合器的各项安装尺寸应符合设计要求。

（5）地下式消防水泵接合器顶部进水口或地下式消火栓的顶部出水口与消防井盖底面的距离不得大于400 mm，井内应有足够的操作空间，并设爬梯。寒冷地区井内应做防冻保护。

（6）消防水泵接合器的安全阀及止回阀安装位置和方向应正确，阀门启闭应灵活。

1.5.3.4　管沟及井室

（1）管沟的基层处理和井室的地基必须符合设计要求。

（2）各类井室的井盖应符合设计要求，应有明显的文字标识，各种井盖不得混用。

（3）设在通车路面下或小区道路下的各种井室，必须使用重型井圈和井盖，井盖上表面与路面相平，允许偏差为±5 mm，绿化带上和不通车的地方可采用轻型井圈和井盖，井盖的上表面应高出地坪50 mm并在井口周围以2%的坡度向外做水泥砂浆护坡。

（4）重型铸铁或混凝土井圈，不得直接放在井室的砖墙上，砖墙上应做不少于80 mm厚的细石混凝土垫层。

（5）管沟的坐标、位置、沟底标高应符合设计要求。

（6）管沟回填土，管顶上部200 mm以内用沙子或无块的土，并不得用机械回填；管顶上部500 mm以内不得回填直径大于100 mm的块石和冻土块；500 mm以上部分回填土中的块石或冻土块不得集中。上部用机械回填时机械不得在管沟上行走。

（7）井室的砌筑应按设计或给定的标准图施工。井室的底标高在地下水位以上时，基层应为素土夯实；在地下水位以下时，基层应打100 mm厚的混凝土底板。砌筑应采用水泥砂浆，内表面抹灰后应严密不透水。

（8）管道穿过井壁处，应用水泥砂浆分二次填塞严密、抹平，不得渗漏。

1.5.4　室外排水管网的安装

1.5.4.1　一般规定

（1）室外排水管道应采用混凝土管、钢筋混凝土、排水铸铁管或塑料管。其规格及质量必须符合现行国家标准及设计要求。

（2）排水管沟及井池的土方工程、沟底的处理、管道穿井壁处的处理、管沟及井池周围的回填要求等，均参照给水管沟及井室的规定执行。

（3）各种排水井、池应按设计给定的标准图施工，各种排水井和化粪池均应用混凝土做底板（雨水井除外），厚度不小于100 mm。

1.5.4.2　排水管道安装

（1）排水管道的坡度必须符合设计要求，严禁无坡或倒坡。

检验方法：用水准仪、拉线和尺量检查。

（2）管道埋设前必须做灌水试验和通水试验，排水应畅通无堵塞，管接口无渗漏。

检验方法：按排水检查井分段试验，试验水头应以试验段上游管顶加1 m，时间不少于30 mm，逐段观察。

（3）管道的坐标和标高应符合设计要求，安装的允许偏差应符合规定。

（4）排水铸铁管外壁在安装前应除锈，涂二遍石油沥青漆。

（5）承插接口的排水管道安装时，管道和管件的承口应与水流方向相反。

1.5.4.3 排水管沟及井池

（1）沟基的处理和井池的底板强度必须符合设计要求。

（2）排水检查井、化粪池的底板及进、出水管的标高,必须符合设计要求,其允许偏差为±15 mm。

（3）井、池的规格、尺寸和位置应正确,砌筑和抹灰符合要求。

（4）井盖选用应正确,标志应明显,标高应符合设计要求。

任务2 建筑消防给水设备安装

2.1 建筑消防给水系统安装

2.1.1 工艺流程

建筑消防给水系统安装工艺流程如图4-1所示。

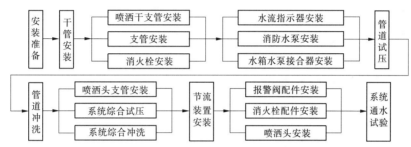

图4-1 建筑消防给水系统安装工艺流程

2.1.2 设备要求

（1）自动喷水灭火系统报警阀、水流指示器、运传式蝶阀、水泵接合器等主要组件的规格号应符合设计要求,配件齐全,表面光洁,无裂纹,启闭灵活,有出厂合格证。

（2）喷洒头的规格、类型、动作温度应符合设计要求,丝扣完整,感温包无破碎松动,易熔片无脱落和松动,有产品出厂合格证。

（3）消火栓箱体的规格类型应符合设计要求,箱体表面平整、光洁。金属箱体方正,无锈蚀、无划伤。栓阀外观无裂纹、启闭灵活、关闭严密、密封填料完好、有产品出厂合格证。

2.1.3 质量要求

在消防管道验收前,应对消防管道及其他设备部件进行检查,对不符合设计和验收要求的必须返工整改。

2.2 喷头安装

（1）喷头安装应在系统试压、冲洗合格后进行。

（2）喷头安装时宜采用专用的弯头、三通。

（3）喷头安装时,不得对喷头进行拆装、改动,并严禁给喷头附加任何装饰性涂层。

（4）喷头安装应使用专用扳手,严格利用喷头的框架施拧;喷头的框架、溅水盘产生变形或原件损伤时,应采用规格、型号相同的喷头更换。

(5)当喷头的公称直径小于10 mm时,应在配水干管或配水管上安装过滤器。

(6)安装在易受机械损伤处的喷头应加设喷头防护罩。

(7)喷头安装时,溅水管与吊顶、门、窗、洞口或墙面的距离应符合设计要求。

(8)当通风管道宽度大于1.2 m时,喷头应安装在其腹面以下部位。

(9)当喷头安装在不到顶的隔断附近时,喷头与隔断的水平距离和最小垂直距离应符合表4-9的规定。

表4-9　喷头与隔断的水平距离和最小垂直距离

水平距离(mm)	150	225	330	375	450	600	750	>900
最小垂直距离(mm)	75	100	150	200	236	313	336	450

2.3　报警阀组安装

报警阀组的安装应先安装水源控制阀、报警阀,然后再进行报警阀辅助管道的连接。水源控制阀、报警阀与配水干管的连接应使水流方向一致。报警阀组安装的位置应符合设计要求;当设计无要求时,报警阀应安装在便于操作的明显位置,距室内地面高度宜为1.2 m;两侧与墙的距离不应小于0.5 m,正面与墙的距离不小于1.2 m。安装报警阀组件应符合下列要求:

(1)压力表应安装在报警阀上便于观测的位置。

(2)排水管和试验阀应安装在便于操作的位置。

(3)水源控制阀安装应便于操作,且应有明显开闭标志和可靠的锁定设施。

(4)湿式报警阀组的安装应符合下列要求:

①应使报警阀前后的管道中能顺利充满水;压力波动时,水力警铃不应发生误报警。

②报警水流通路上的过滤器应安装在延迟器前,而且是便于排渣操作的位置。

③水力警铃应安装在公共通道或值班室附近的外墙上,且应安装检修、测试用的阀门。水力警铃和报警阀的连接应采用的镀锌钢管,当镀锌钢管的公称直径为15 mm时,其长度不应大于6 m;当镀锌钢管的公称直径为20 mm时,其长度不应大于20 m,而且安装后的水力警铃启动压力不应小于0.05 MPa。

2.4　水流指示器的安装

(1)水流指示器的安装应在管道试压和冲洗合格后进行,水流指示器的规格、型号应符合设计要求。

(2)水流指示器应竖直安装在水平管道上侧,其动作方向应和水流方向一致;安装后的水流指示器浆片、膜片应动作灵活,不应与管壁发生碰擦。

2.5　消防水泵接合器安装

消防水泵接合器的组装应按接口、本体、连接管、止回阀、安全阀、放空管、控制阀的顺利进行。止回阀的安装方向应使消防用水能从消防水泵接合器进入系统。

消防水泵接合器的安装应符合下列规定:

(1)应安装在便于消防车接近的人行道或非机动车行驶的地段。

(2)地下消防水泵接合器应采用铸有"消防水泵接合器"标志的铸铁井盖,并在附近设置指示其位置的固定标志。

(3)地上消防水泵接合器应设置与消火栓区别的固定标志。

(4)墙壁消防水泵接合器的安装应符合设计要求。设计无要求时,其安装高度宜为1.1 m;与墙上的门、窗、孔、洞的净距离不应小于2.0 m,且不应安装在玻璃幕墙下方。

(5)地下消防水泵接合器的安装,应使进水口与井盖底面的距离不大于0.4 m,且不应小于井盖的半径。

2.6 箱式消火栓的安装

箱式消火栓应栓口朝外,阀门距离地面、箱壁的尺寸符合施工规范规定,水龙带与消火栓和快速接头的绑扎紧密,并卷折挂在持盘和支架上。

其他室内金属消防管道的安装见项目4任务1中的1.2。

思考题

1.简述建筑消防给水系统的安装流程。

2.喷头安装应符合哪些要求?

3.报警阀组的安装应符合哪些要求?

项目 5 建筑给水排水工程竣工验收及运行管理

1.1 建筑给水排水设计要求

1.1.1 设计程序和图纸要求

一个建筑物的兴建,一般都需要建筑单位(通称甲方)根据建筑工程要求,提出申请报告(或称为工程计划任务书),说明建设用途、规模、标准、投资估算和工程建设年限,并申报政府建设主管部门批准,列入年度基建计划。经主管部门批准后,才由建设单位委托设计单位(通称乙方)进行工程设计。

在上级批准的设计任务书及有关文件(例如建设单位的申请报告、上级批文、上级下达的文件等)齐备的条件下,设计单位才可接受设计任务,开始组织设计工作。建筑给水排水工程是整个工程的一部分,其程序与整体工程设计是一致的。

1.1.2 设计阶段的划分

一般的工程设计项目可划分为两个阶段:初步设计阶段、施工图设计阶段。

设计复杂、规模较大或重要的工程项目,可分为 3 个阶段:方案设计阶段、初步设计阶段、施工图设计阶段。

1.1.3 设计内容和要求

1.1.3.1 方案设计

进行方案设计时,应从建筑总图上了解建筑平面位置、建筑层数及用途、建筑外形特点、建筑物周围地形和道路情况。还需要了解市政给水管道的具体位置和允许连接引入管处管段的管径、埋深、水压、水量及管材;了解排水管的具体位置,出户管接入点的检查井标高,排水管径、管材、排水方向和坡度、排水体制。必要时,应到现场踏勘,落实上述数据是否与实际相符。

掌握上述情况后才可进行以下工作:

(1)根据建筑使用性质,计算总用水量,并确定给水、排水设计方案。

(2)向建筑专业设计人员提供给水排水设备的安装位置、占地面积等,如水泵房、锅炉房、水池、水箱等。

(3)编写方案设计说明书一般应包括以下内容:

①设计依据。

②建筑的用途、性质及规模。

③给水系统:说明给水用水定额及总用水量,选用的给水系统和给水方式,引入管平面位置及管径,升压、贮水设备的型号、容积和位置等。

④排水系统:说明选用的排水体制和排水方式,出户管的位置及管径,污废水抽升和局部处理构筑物的型号和位置,以及雨水的排除方式等。

⑤热水系统:说明热水用水定额,热水总用水量,热水供水方式、循环方式,热媒及热媒耗量,锅炉房位置,以及水加热器的选择等。

⑥消防系统:说明消防系统的选择,消防给水系统的用水量,以及升压、贮水设备的选择、位置、容积等。

方案设计在建设单位认可并报主管部门审批后,可进行下一阶段的设计工作。

1.1.3.2 初步设计

初步设计是将方案设计确定的系统和设施,用图纸和说明书完整地表达出来。

(1)图纸内容。

①给水排水总平面图:应反映出室内管网与室外管网如何连接。内容有室外给水、排水及热水管网的具体平面位置和走向。图上应标注管径、地面标高、管道埋深和坡度(排水管)控制点坐标以及管道布置间距等。

②平面布置图:表达各系统管道和设备的平面位置。通常采用的比例为1:100,如管线复杂时大致放大至1:50~1:20。图中应标注各种管道、附件、卫生器具、用水设备和立管(立管应进行编号)的平面位置,以及管径和排水管道的坡度等。通常是把各系统的管道绘制在同一张平面布置图上。当管线错综复杂,在同一张平面图上表达不清时,也可分别绘制各类管道平面布置图。

③系统布置图(简称系统图):表达管道、设备的空间位置和相互关系。各类管道的系统图要分别绘制。图中应标注管径、立管编号(与平面布置图一致)、管道和附件的标高,排水管道还应标注管道坡度。

④设备材料表:列出各种设备、附件、管道配件和管材的型号、规格、材质、尺寸和数量,供概预算和材料统计使用。

(2)初步设计说明书,其内容主要包括:

①计算书:各个系统的水力计算,设备选型计算。

②设计说明:主要说明各种系统的设计特点和技术性能,各种设备、附件、管材的选用要求及所需采取的技术措施(如水泵房的防振、防噪声技术要求等)。

1.1.3.3 施工图设计

1)图纸内容

在初步设计图纸的基础上,补充表达不完善和施工过程中必要绘出的施工详图,主要包括:

(1)卫生间大样图(平面图和管线透视图)。

(2)地下贮水池和高位水箱的工艺尺寸和接管详图。

(3)泵房机组及管路平面布置图、剖面图。

(4)管井的管线布置图。

(5)设备基础留洞位置及详细尺寸图。

(6)某些管道节点大样图。

(7)某些非标准设备或零件详图。

2)施工说明

施工说明是用文字表达工程绘图中无法表示清楚的技术要求,要求写在图纸上作为施工图纸发出。施工说明主要包括以下内容：

(1)说明管材的防腐、防冻、防结露技术措施和方法,管道的固定、连接方法,管道试压、竣工验收要求以及一些施工中特殊技术处理措施。

(2)说明施工中所要求采用的技术规程、规范和采用的标准图号等一些文件的出处。

(3)说明(绘出)工程图中所采用的图例。

所有图纸和说明应编有图纸序号,写出图纸目录。

1.1.4 向其他有关专业设计人员提供的技术数据

(1)向建筑专业设计人员提供:

①水池、水箱的位置、容积和工艺尺寸要求。

②给水排水设备用房面积和高度要求。

③各管道竖井位置和平面尺寸要求等。

(2)向结构专业设计人员提供:

①水池、水箱的具体工艺尺寸,水的荷重。

②预留孔洞位置及尺寸(如梁、板、基础或地梁等预留孔洞)等。

(3)向采暖、通风专业设计人员提供:

①热水系统最大时耗热量。

②蒸汽接管和冷凝水接管位置。

③泵房及一些设备用房的温度和通风要求等。

(4)向电气专业设计人员提供:

①水泵机组用电量,用电等级。

②水泵机组自动控制要求,如消防的远距离启动、报警等要求。

(5)向技术经济专业设计人员提供:

①材料、设备表及文字说明。

②设计图纸。

③协助提供掌握的有关设备单价。

1.1.5 管线综合

一个建筑物的完整设计,涉及多种设施的布置、敷设与安装。所以,布置各种设备、管道时应统筹兼顾,合理综合布置,做到既能满足各专业的技术要求,又布置整齐有序,便于施工和以后的维修。为达到上述目的,给水排水专业人员应注意与其他专业密切配合、相互协调。

1.1.5.1 管线综合设计原则

(1)电缆(动力、自控、通信)桥架与输送液体的管线应分开布置,以免管道渗漏时,损坏电缆或造成更大的事故。若必须在一起敷设,电缆应考虑设套管等保护措施。

(2)首先保证重力流管线的布置,满足其坡度的要求,达到水流通畅。

(3)考虑施工的顺序,先施工的管线在里边,需保温的管线放在易施工的位置。

(4)先布置管径大的管线,后考虑管径小的管线。

(5)分层布置时,由上而下按蒸汽、热水、排水管线顺序排列。

1.1.5.2　管线布置

（1）管沟布置。管沟有通行和不通行管沟之分。

（2）管道竖井管线布置。分能进人和不能进人的两种管道竖井。

（3）吊顶内管线布置。由于吊顶内空间较小,管线布置时应考虑施工的先后顺序、安装操作距离、支托吊架的空间和预留维修检修余地。管线安装一般是先装大管,后装小管;先固定支、托、吊架,后安装管道。

（4）技术设备层内管线布置。技术设备层空间较大,管线分布也应整齐有序,利于施工和今后的维修管线,宜采用管道排架布置。管线布置完毕,与各专业技术人员协商后,即可绘出各管道布置断面图,图中应标明管线的具体标高,并说明施工要求和顺序。各专业即可按照给定的管线位置和标高进行施工设计。

1.2　建筑给水排水工程竣工验收

竣工验收是建筑给水排水工程建设的一个阶段,是施工全过程的最后一个程序,也是工程项目管理的最后一项工作。

1.2.1　建筑内部给水系统竣工验收

1.2.1.1　验收步骤及注意事项

（1）建筑内部给水系统施工安装完毕,进行竣工验收时,应出具下列文件:

①施工图纸(包括选用的标准图集及通用图集)和设计变更。

②施工组织设计或施工方案。

③材料和制品的合格证或试验记录。

④设备和仪表的技术性能证明书。

⑤水压试验记录、隐蔽工程验收记录和中间验收记录。

⑥单项工程质量评定表。

（2）暗装管道的外观检查和水压试验,应在隐蔽前进行。保温管道的外观检查和试验,应在保温前进行。无缝钢管可带保温层进行水压试验,但在试验前,焊接接口和连接部分不应保温,以便进行直观检查。

（3）在冬季进行水压试验时,应采取防冻措施(北方地区),试压后应放空管道中的存水。

（4）室内直埋给水管道(塑料管道和复合管道除外)应做防腐处理,埋地管道的防腐层材质和结构应符合设计要求。

（5）给水管道必须采用与管材相适应的管件。生活给水管道在交付使用前必须进行冲洗和消毒,并经有关部门取样检验,符合国家现行《生活饮用水卫生标准》(GB 5749—2006)后方可使用。

（6）建筑内部给水管道系统,在试验合格后,方可与室外管网或室内加压泵房连接。

1.2.1.2　建筑内部给水系统的质量检查

建筑内部给水系统应根据外观检查和水压试验的结果进行验收。

（1）建筑内部生活饮用和消防系统给水管道的水压试验必须符合设计要求,当设计未注明时,各种材质的给水管道系统试验压力均为工作压力的 1.5 倍,但不得小于 0.3

MPa。水压试验的方法按下列规定进行：

①金属及复合管给水管道系统在试验压力下观测 10 min，压力降不应大于 0.02 MPa，然后降到工作压力进行检查应不渗不漏。

②塑料管给水管道系统应在试验压力下稳压 1 h，压力降不得超过 0.05 MPa，然后在工作压力的 1.15 倍状态下稳压 2 h，压力降不得超过 0.03 MPa，同时检查各连接处不得渗漏。

（2）建筑内部给水管道系统验收时，应检查以下各项：

①管道平面位置、标高和坡度是否正确。

②管道的支、吊架安装是否平整牢固，其间距是否符合规范要求。

③管道、阀件、水表和卫生洁具的安装是否正确及有无漏水要求。

④生活给水及消防给水系统的通水能力。建筑内部生活给水系统，按设计要求同时开放最大数量配水点是否全部达到额定流量。高层建筑可根据管道布置采取分层、分区段的通水试验。

（3）建筑内部给水管道和阀门安装的允许偏差应符合表 5-1 的规定。

表 5-1　管道和阀门安装的允许偏差和检验方法

项次	项目			允许偏差	检验方法
1	水平管道纵横方向弯曲	钢管	每米	1	用水平尺、直尺、拉线和尺量检查
			全长 25 m 以上	≤25	
		塑料管复合管	每米	1.5	
			全长 25 m 以上	≤25	
		铸铁管	每米	2	
			全长 25 m 以上	≤25	
2	立管垂直度	钢管	每米	3	吊线和尺量检查
			5 m 以上	≤8	
		塑料管复合管	每米	2	
			5 m 以上	≤8	
		铸铁管	每米	3	
			5 m 以上	≤10	
3	成排管段和成排阀门	在同一水平上间距		3	尺量检查

（4）给水设备安装工程验收时，应注意以下事项：

①水泵就位前的基础混凝土强度、坐标、标高、尺寸和螺栓孔位置必须符合设计规定，应对照图纸用仪器和尺量检查。

②水泵试运转的轴承温升必须符合设备说明书规定，可通过温度计实测检查。

③立式水泵的减振装置不应采用弹簧减振器。

④敞口水箱的满水试验和密闭水箱（罐）的水压试验必须符合设计规定。检验方法：满水试验静置 24 h 观察，不渗不漏；水压试验在试验压力下 10 min 压力不降，不渗不漏。

⑤水箱支架或底座安装,其尺寸及位置应符合设计规定,埋设平整牢固。

⑥水箱溢流管和泄放管应设置在排水池点附近,但不得与排水管直接连接。

⑦建筑内部给水设备安装的允许偏差应符合表5-2的规定。

⑧管道及设备保温层的厚度和平整度的允许偏差应符合表5-3的规定

表5-2　建筑内部给水设备安装的允许偏差和检验方法

项次	项目			允许偏差(mm)	检验方法
1	静置设备	坐标		15	经纬仪或拉线、尺量
		标高		±5	用水准仪、拉线和尺量检查
		垂直度(每米)		5	吊线和尺量检查
2	离心式水泵	立式泵体垂直度(每米)		0.1	水平尺和塞尺检查
		卧式泵体垂直度(每米)		0.1	水平尺和塞尺检查
		联轴器同心度	轴向倾斜(每米)	0.8	在联轴器互相垂直的四个位置上用水准仪、百分表或测量螺钉和塞尺检查
			径向位移	0.1	

表5-3　管道及设备保温层的允许偏差和检验方法

项次	项目		允许偏差(mm)	检验方法
1	厚度		$+0.1\delta$ -0.05δ	用钢针刺入
2	表面平整度	卷材	5	用2 m靠尺和楔形塞尺检查
		涂抹	10	

注:δ为保温层厚度。

1.2.2　建筑消防系统竣工验收

建筑消防系统竣工后,应进行工程竣工验收,验收不合格不得投入使用。

1.2.2.1　验收资料

建筑消防系统竣工验收时,施工、建设单位应提供下列资料:

(1)批准的竣工验收申请报告、设计图纸、公安消防监督机构的审批文件、设计变更通知单、竣工图。

(2)地下及隐蔽工程验收记录,工程质量事故处理报告。

(3)系统试压、冲洗记录。

(4)系统调试记录。

(5)系统联动试验记录。

(6)系统主要材料、设备和组件的合格证或现场检验报告。

(7)系统维护管理规章、维护管理人员登记表及上岗证。

1.2.2.2　消防系统供水水源的检查验收要求

（1）应检查室外给水管网的进水管管径及供水能力，并应检查消防水箱和水池容量，均应符合设计要求。

（2）当采用天然水源作系统的供水水源时，其水量、水质应符合设计要求，并应检查枯水期最低水位时确保消防用水的技术措施。

1.2.2.3　消防泵房的验收要求

（1）消防泵房设置的应急照明、安全出口应符合设计要求。

（2）工作泵、备用泵、吸水管、出水管及出水管上的泄压阀、信号阀等的规格、型号、数量应符合设计要求；当出水管上安装闸阀时应锁定在常开位置。

（3）消防水泵应采用自灌式引水或其他可靠的引水措施。

（4）消防水泵出水管上应安装试验用的放水阀及排水管。

（5）备用电源、自动切换装置的设置应符合设计要求。打开消防水泵出水管上放水试验阀，当采用主电源启动消防水泵时，消防水泵应启动正常；关掉主电源，主、备电源应能正常切换。

（6）设有消防气压给水设备的泵房，当系统气压下降到设计最低压力时，通过压力开关信号应能启动消防水泵。

（7）消防水泵接合器数量及进水管位置应符合设计要求，消防水泵接合器应进行充水试验，且系统最不利点的压力、流量应符合设计要求。

1.2.2.4　建筑内部消火栓灭火系统的验收要求

（1）建筑内部消火栓灭火系统控制功能验收时，应在出水压力符合现行国家有关建筑设计防火规范的条件下进行，并应符合下列要求：

①工作泵、备用泵转换运行 1～3 次。

②消防控制室内操作启、停泵 1～3 次。

③消火栓处操作启泵按钮按 5%～10% 的比例抽验。

以上控制功能应正常，信号应正确。

（2）建筑内部消火栓系统安装完成后，应取屋顶（北方一般在屋顶水箱间等室内）试验消火栓和首层取两处消火栓做试射试验，达到设计要求为合格。

（3）安装消火栓水龙带，水龙带与水枪和快速接头绑扎好后，应根据箱内构造将水龙带挂放在箱内的挂钉、托盘或支架上。

（4）箱式消火栓的安装应符合下列规定：

①栓口应朝外，不应安装在门轴侧。

②栓口中心距地面为 1.1 m，允许偏差为 ±20 mm。

③阀门中心距箱侧面为 140 mm，距箱后内表面为 100 mm，允许偏差为 ±5 mm。

④消火栓箱体安装的垂直度允许偏差为 3 mm。

1.2.2.5　自动喷水灭火系统的验收要求

（1）自动喷水灭火系统控制功能验收时，应在符合现行国家标准《自动喷水灭火系统设计规范》（GB 50084—2001）的条件下，抽验下列控制功能：

①工作泵与备用泵转换运行 1～3 次。

②消防控制室内操作启、停泵 1～3 次。

③水流指示器、闸阀关闭器及电动阀等按实际安装数量的 10%～30% 的比例进行末端放水试验。

上述控制功能、信号均应正常。

（2）管网验收要求。

①管道的材质、管径、接头及采取的防腐、防冻措施应符合设计规范及设计要求。

②管道横向安装宜设 0.002～0.005 的坡度，且应坡向排水管；当局部区域难以利用排水管将水排净时，应采取相应的排水措施。当喷头数量小于等于 5 只时，可在管道低凹处加设堵头；当喷头数量大于 5 只时，宜装设带阀门的排水管。

③管网系统最末端、每一分区系统末端或每一层系统末端设置的末端试水装置、预作用和干式喷水灭火系统设置的排气阀应符合设计要求。

④管网不同部位安装的报警阀、闸阀、止回阀、电磁阀、信号阀、水流指示器、减压孔板、节流管、减压阀、压力开关、柔性接头、排水管、排气阀、泄压阀等均应符合设计要求。

⑤干式喷水灭火系统容积大于 1 500 L 时设置的加速排气装置应符合设计要求和规范规定。

⑥预作用喷水灭火系统容积充水时间不应超过 3 min。

⑦报警阀后的管道上不应安装有其他用途的支管或水龙头。

⑧配水支管、配水管、配水干管设置的支架、吊架和防晃支架不应大于表 5-4 的规定。

表 5-4　管道支架或吊架之间的距离

公称直径（mm）	25	32	40	50	70	80	100	125	150	200	250	300
距离（m）	3.5	4.0	4.5	5.0	5.5	6.0	6.5	7.0	8.0	9.5	11.0	12.0

（3）报警阀组验收要求：

①报警阀组的各组件应符合产品标准要求。

②打开放水试验阀，测试的流量、压力应符合设计要求。

③水力警铃的设置位置应正确。测试时，水力警铃喷嘴处压力不应小于 0.05 MPa，且距水力警铃 3 m 远处警铃的铃声声强不应小于 70 dB(A)。

④打开手动放水阀或电磁阀时，雨淋阀组动作应可靠。

⑤控制阀均应锁定在常开位置。

⑥与空气压缩机或火灾报警系统的联动程序应符合设计要求。

（4）喷头验收要求。

①喷头的规格、型号，喷头安装间距，喷头与楼板、墙、梁等的距离应符合设计要求。

②有腐蚀性气体的环境和有冰冻危险场所安装的喷头应采取防护措施。

③有碰撞危险场所安装的喷头应加防护罩。

④喷头动作温度应符合设计要求。

（5）系统进行模拟灭火功能试验时，应符合下列要求：

①报警阀动作，警铃鸣响。

②水流指示器动作,消防控制中心有信号显示。

③压力开关动作,信号阀开启,空气压缩机或排气阀启动,消防控制中心有信号显示。

④电磁阀打开,雨淋阀开启,消防控制中心有信号显示。

⑤消防水泵启动,消防控制中心有信号显示。

⑥加速排水装置投入运行。

⑦其他消防联动控制系统投入运行。

⑧区域报警器、集中报警控制盘有信号显示。

1.2.2.6 卤代烷、泡沫、二氧化碳、干粉等灭火系统验收要求

卤代烷、泡沫、二氧化碳、干粉等灭火系统验收时,应在符合现行各有关系统设计规范的条件下按实际安装数量的20% ~30%抽验下列控制功能:

(1)人工启动和紧急切断试验1~3次。

(2)与固定灭火设备联动控制的其他设备(包括关闭防火门窗、停止空调风机、关闭防火阀、落下防火幕等)试验1~3次。

(3)抽一个防护区进行喷放试验(卤代烷系统应采用氮气等介质代替)。

上述试验控制功能、信号均应正常。

1.2.3 建筑内部排水系统竣工验收

建筑内部排水系统验收的一般规定与建筑内部给水系统基本相同。

1.2.3.1 灌水系统

(1)隐蔽或埋地的排水管道在隐蔽前必须做灌水试验,其灌水高度应不低于底层卫生器具的上边缘或底层地面高度。检验方法:灌水15 min,待水面下降后,再灌满观察5 min,液面不降,管道及接口无渗漏为合格。

(2)安装在建筑内部的雨水管道安装后应做灌水试验,灌水高度必须到达每根立管上部的雨水斗。检验方法:灌水试验持续1 h,不渗不漏。

1.2.3.2 建筑内部排水系统质量检查

验收建筑内部排水系统时,应重点检查以下各项:

(1)检查管道平面位置、标高、坡度、管径、管材是否符合工程设计要求;干管与支管及卫生洁具位置是否正确,安装是否牢固,管道接口是否严密。建筑内部排水管安装的允许偏差应符合表5-5的规定。雨水钢管管道焊接的焊口允许偏差应符合表5-6的规定。

(2)排水塑料管必须按设计要求及位置装设伸缩节。如设计无要求时,伸缩节间距不得大于4 m。高层建筑中明设排水塑料管道应按设计要求设置阻火圈或防火套管。

(3)排水主立管及水平干管管道均应做通球试验,通球球径不小于排水管道管径的2/3,通球率必须达到100%。

1.2.4 建筑内部热水供应系统竣工验收

建筑内部热水供应系统验收的一般规定与建筑内部给水系统基本相同。

1.2.4.1 水压试验

热水供应系统安装完毕,管道保温之前应进行水压试验,试验压力应符合设计要求。

表 5-5 建筑内部排水和雨水管道安装的允许偏差和检验方法

项次	项目			允许偏差（mm）	检验方法
1	坐标			15	
2	标高			±15	
3	水平管道纵横方向弯曲	铸铁管	每米		≤1	用水准仪（水平尺）、直尺、拉线和尺量检查
			全长（25 m以上）		≤25	
		钢管	每米	管径≤100 mm	1	
				管径>100 mm	1.5	
			全长（25 m以上）	管径≤100 mm	≤25	
				管径>100 mm	≤38	
		塑料管	每米		1.5	
			全长（25 m以上）		≤38	
		钢筋混凝土管 混凝土管	每米		3	
			全长（25 m以上）		≤75	
4	立管垂直度	铸铁管	每米		3	吊线和尺量检查
			全长（5 m以上）		≤15	
		钢管	每米		3	
			全长（5 m以上）		≤10	
		塑料管	每米		3	
			全长（5 m以上）		≤15	

表 5-6 钢管管道焊口允许偏差和检验方法

项次	项目			允许偏差（mm）	检验方法
1	焊口平直度	管壁厚 10 mm 以内		管壁厚 1/4	焊接检验尺和游标卡尺检查
2	焊缝加强面	高度		1	
		宽度			
3	咬边	深度		小于 0.5	查尺检查
		长度	连续长度	25	
			总长度（两侧）	小于焊缝长度的 10%	

当设计未注明时,热水供应系统水压试验压力应为系统顶点的工作压力加 0.1 MPa,

同时在系统顶点的试验压力不小于 0.3 MPa。检查方法:钢管或复合管道系统试验压力下 10 min 内压力不小于 0.02 MPa,然后降至工作压力检查,压力应不降,且不渗不漏;塑料管道系统在试验压力下稳压 1 h,压力降不得超过 0.05 MPa,然后在工作压力的 1.15 倍状态下稳压 2 h,压力降不得超过 0.03 MPa,连接处不得渗漏。

1.2.4.2　建筑内部热水供应系统质量检查

验收热水供应系统时,应重点检查以下各项:

(1)管道的走向、坡向、坡度及管材规格是否符合设计图纸要求。

(2)管道连接件、支架、伸缩器、阀门、泄水装置、放气装置等位置是否正确;接头是否牢固、严密等;阀门及仪表是否灵活、准确;热水温度是否均匀,是否达到设计要求。

(3)热水供应管道和阀门安装的允许偏差应符合表 5-1 的规定。热水供应系统应保温(浴室内明装管道除外),保温材料、厚度、保护壳等应符合设计规定。保温层厚度和平整度的允许偏差应符合表 5-3 的规定。

(4)热水供水、回水及凝结水管道系统,在投入使用前必须进行清洗,以清洗管道内的焊渣、锈屑等杂物,一般在管道压力试验合格后进行。对于管道内杂质较多的管道系统,可在压力试验前进行清洗。

清洗前,应将管道系统的流量孔板、滤网、温度计调节阀阀芯等拆除,待清洗合格后重新装上。如管道分支较多,末端截面较小时,可将干管中的阀门拆掉 1~2 个,分段进行清洗;如管道分支不多,排水管可以从管道末端接出,排水管截面面积不应小于被冲洗管道截面面积的 60%。排水管应接至排水井或排水沟,并保证排泄和安全。冲洗时,以系统可能达到的最大压力和流量进行,直到出口处的水色明度与入口处检测一致为合格。

1.3　建筑给水排水设备的管理方式

目前,建筑给水排水设备的管理工作一般由房管单位和物业管理公司的工程部门主管,并有专业人员负责。基层管理有分散的综合性管理和集中的专业化管理等多种方式。建筑给水排水设备管理主要由维修管理和运行管理两大部分组成,维修与运行既可统一管理,也可分别管理。建筑给水排水系统的管理措施主要有:

(1)建立设备管理账册和重要设备的技术档案。

(2)建立设备卡片。

(3)建立定期检查、维修、保养的制度。

(4)建立给水排水设备大、中修工程的验收制度,积累有关技术资料。

(5)建立给水排水设备的更新、调拨、增添、改造、报废等方面的规划和审批制度。

(6)建立住户保管给水排水设备的责任制度。

(7)建立每年年末对建筑给水排水设备进行清查、核对和使用鉴定的制度,遇有缺损现象,应采取必要措施,及时加以解决。

1.4　建筑给水排水设备的运行管理

建筑给水排水系统的维护与管理是延长设备使用寿命,保障设备安全运行的保证。其主要内容有基础资料管理、日常操作管理、给水排水设备运行管理、维修养护管理及文明安全管理。以上的维护与管理工作一般由物业管理公司技术部负责完成。物业管理公司应与市政的给水排水等专业管理部门明确各自的管理职责,相互分工,通力合作。凡对各管理小区内设备设施的管理范围,没有作统一规定的,具体的管理范围应由市政给水排水各有关部门、管理小区产权单位和物业管理公司遵照国家的有关规定协商确定。

1.4.1 给水系统的维护与管理

1.4.1.1 管理范围界定

一般来说,居住小区物业管理公司与城市各专业管理部门的职责分工为:

高层楼房以楼内供水泵房总计费水表为界,多层楼房以楼外自来水表井为界。界限以外(含计费水表)的供水管线及设备,由供水部门负责维护、管理;界限以内(含水表井)至用户的供水管线及设备由物业管理公司负责维护、管理。室内消防给水系统还要接受公安消防部门的监督检查。

1.4.1.2 给水系统的管理

(1)为防止二次供水的污染,应对水池水箱定期清洗消毒,以保持其清洁卫生。

(2)对供水管道、阀门、水表、水泵及水箱等进行经常性维护和定期检查,以确保供水安全。

(3)发生跑水、断水故障等情况,应及时抢修。

(4)消防水泵要定期试泵,至少每年进行一次。要保持电气系统正常工作,水泵正常供水,管道、阀门、水龙带配套完整,检查报告应送交当地消防部门备案。

1.4.1.3 给水管道的日常养护

(1)给水管道的检查。维修养护人员应十分熟悉给水系统,经常检查给水管道及阀门(包括地上、地下、屋顶等)的使用情况,经常注意地下有无漏水、渗水、积水等异常情况,如发现有漏水现象应及时进行维修。

(2)保温防冻工作。在北方每年冬季来临之前,维修人员应注意做好水表箱、阀门井、消防栓、栓井以及室内外的管道、阀门、消防栓等的防冻保温工作,并根据当地气温情况,应分别采用不同的保温材料以防冻坏。

(3)对冻裂事故的处理。对已发生冰冻的给水管道,宜采用浇以温水逐步升温或包保温材料,让其自然化冻。对已冻裂的水管,可根据具体情况,采取电焊或换管的方法处理。马铁铸成的阀门若被冻裂,则应予以及时更新。

(4)水池、水箱的维修养护。水池、水箱的维修养护应每半年进行一次,若遇特殊情况可增加清洗次数,清洗时的程序如下:

①首先关闭进水总阀和连通阀门,开启泄水阀,抽空水池、水箱中的水。

②泄水阀处于开启位置,用鼓风机向水池、水箱吹 2 h 以上,排除水池水箱中的有毒气体,吹进新鲜空气。

③将燃着的蜡烛放入池底,观察其是否会熄灭,以确定空气是否充足。

④打开水池、水箱内照明设备或临时照明。

⑤清洗人员进入水池、水箱后,对池壁、池底洗刷不少于三遍。

⑥清洗完毕后,排除污水,然后喷洒消毒药水。

⑦关闭泄水阀,注入清水。

1.4.1.4 给水管道及附件的维修

(1)个别楼层停水。要先关掉总阀,打开支管阀门,检查堵塞原因,及时更换或清洗。

(2)管道漏水。对于明装管道,沿管线检查,即可发现渗漏部位。对于埋地管道,首先进行观察,对地面长期潮湿、积水和冒水的管段进行听漏,同时参考原设计图纸和现有的闸门井位,准确地确定渗漏位置,进行开挖修理。对于墙内水管,关闭室内所有用水阀门,查看水表,如转动,说明墙内水管破损漏水,然后关闭水表前阀门,打通漏水处墙面,取出破损水管,装入新水管,再打开总阀门看是否漏水,如无漏水,补好水泥,恢复装修饰面。

(3)阀门接头漏水。关闭自来水总阀,查找原因,若是因与钢管螺纹连接的阀门接头未扭紧而漏水,应拆下阀门接头,在外丝处旋上几道水胶带,再把阀门接头装上扭紧,如因破损配件而漏水应及时更换阀门或接头。若与塑料管黏结或热熔连接的阀门接头漏水,则需锯断阀门两端接头,取下报废的阀门,更换新的阀门。

(4)水龙头漏水。若是水龙头未上紧而漏水,应先拆下水龙头,在外丝上旋上几道水胶带,再把水龙头装上扭紧,如是内芯断裂应更换内芯,如是水龙头自身有沙泥而漏水,应更换水龙头,检修完毕后,打开总阀门,反复开关水龙头,开关自如不漏水即可。

1.4.1.5 消防设施的维修

对于室内消防管道及阀门的维修与室内生活给水管道部分相同,其维修内容也是管道的漏水、阀门的漏水及关闭不严等。对于北方室内外的管道,同样应做好冬季的防冻保温工作,以确保它们处于良好的工作状态。

检查消火栓有无生锈、漏水现象,栓口的橡胶垫圈等密封件有无损坏或丢失,消火栓的闸阀开启是否灵活,必要时应对阀杆加润滑油。此外,对室内消火栓还应检查消火栓箱内的水枪、水带等设备是否完备配套,水龙带有无老化、霉腐,应做到发现问题,及时纠正。

消防水池(箱、塔)应贮存足够的水量,随时观察水位情况,并随时补足;对于离心泵及配套电机,应按有关规定,定时检查保养,并应根据有关规定设置备用水泵;经常检查消防水泵的底阀、出水管阀及单向阀是否处于正常状态。

1.4.2 排水系统的维护与管理

1.4.2.1 管理范围的界定

室内排水系统由物业管理公司维护管理。一般来说,居住小区内道路和市政排水设施的管理职责以 3.5 m 路宽为界,凡道路宽度在 3.5 m(含 3.5 m)以上的,其道路和埋设在道路下的市政排水设施由城市市政管理部门负责维护、管理;道路宽度 3.5 m 以下的由物业公司负责维护管理;居住小区内各种地下设施检查井的维护管理,由地下设施检查井的产权单位负责,有关产权单位也可委托物业管理公司维护、管理。

1.4.2.2 排水系统的管理

(1)定期对排水管道进行养护、清通。

(2)教育住户不要把杂物投入下水管道,以防止堵塞。下水道堵塞应及时清通。

(3)定期检查排水管道是否有生锈和渗漏等现象,发现隐患应及时处理。

(4)室外排水沟渠应定期检查和清扫,以清除淤泥和杂物。

1.4.2.3 室内排水管道的维修

管道堵塞造成流水不畅、排泄不通,严重的会在地漏、水池、马桶等处漫溢外淌。造成堵塞的原因,多为使用不当,如有硬杂物进入管道,停滞在排水管中部、拐弯处、排水管末端,也有在施工过程中,砖块、木块、砂浆等进入管中。修理时,可根据具体情况判断堵塞物的位置,在靠近的检查口、清扫口、屋顶通气管等处,可采用人工或机械疏通。如无效时,则采用尖錾剔洞疏通,或采用"开天窗"的办法,进行大开挖,排除堵塞,必要时可更换管道。

1.4.2.4 室外排水管道的维修

(1)管道坡度搞反会形成倒返水,此类故障常见于新建的房屋中,原因大多是未按图纸要求放坡或沟底未做垫层,加上接口封闭不严,管道渗漏而造成不均匀下沉,造成排水不畅,严重的则会引起倒流,污水外溢。维修方法是按原设计图纸和规范要求返工重做。

(2)管道堵塞时。常采用竹劈疏通法。维修时,首先应将检查井中的沉积物用钩勺掏清,随后用毛竹片进行疏通,再用中间扎有刺铁丝球的麻绳来回拉刷,同时放水冲淤。也可采用管道疏通器疏通法、水力清通法和绞车刮板疏通法。如还疏通不了时,则要在堵塞位置上进行破土开挖,采用局部起管疏通、重新接管的办法进行疏通。

(3)管道漏水。埋地管道可能由于地基不均匀沉陷或污水的侵蚀作用使管道破坏而漏水,可根据所用管道的材质、管道破损程度及漏水量的大小,分别采用打卡子、糊玻璃钢或混凝土加固等方法,必要时也可更换管道。当室外排水管道发生明显沉陷时,需进行整坡修理。

1.4.3 泵房、水池、水箱运行和维护管理

1.4.3.1 水泵房管理制度

(1)值班人员应对水泵房进行日常巡视,检查水泵、管道接头和阀门有无渗漏水。

(2)经常检查水泵控制柜的指示灯指示,观察停泵时水泵压力表指示。在正常情况下消防泵、生活泵、恒压泵、污水泵的选择开关应放在自动位置。

(3)生活水泵规定每星期至少轮换使用一次,接触器主开关每月检查一次。

(4)消防泵按定期保养规则的规定定期检查,每月进行一次"自动、手动"操作检查,每年进行一次全面检查。

(5)泵房每周打扫一次,泵及管道每月检查擦洗一次。

(6)水池观察孔应加盖上锁,钥匙由值班人员管理,透气孔需用纱布包扎,以防杂物掉入水池中。

(7)保证水泵房的通风、照明,以及应急灯在停电状态下的正常使用。

1.4.3.2 水池、水箱的清洗

地下水池或屋顶水箱一年至少清洗两次,若遇特殊需要可增加清洗次数。水池或水箱清洗人员需持有健康合格证,应于清洗作业前一天通知有关用户停水时间,以便用户做好贮水准备。

清洗前应做好所需机电工具、检测器具、清洁工具及消毒药物的准备工作。若屋顶水箱有两个以上水箱供水时,应轮流清洗,以避免停水。其清洗程序如下:

(1)关闭进水总阀,关闭水箱之间的连通阀门,开启泄水阀,排空水池、水箱中的水。让泄水阀门处于开启状态,用鼓风机对着水池、水箱口吹风 2 h 以上,以便空气流通,排除水池、水箱中的有毒气体,吹进新鲜空气。

（2）用燃着的蜡烛放入池底检查是否因缺氧而熄灭，以确定水池、水箱中的空气是否足够。

（3）清洗和检修人员进入池内工作。清洗人员用洗洁精对池壁和池底洗刷不少于三遍，洗刷完毕用清水整体冲洗一遍。维修人员对水池中的管道、阀门、浮球、水位控制电路进行检查维修。

（4）清洗完毕后应排尽水池中的污水，清除污迹。向水池壁及底部喷洒消毒药水，并封闭半小时后排出消毒水。

（5）水池内注入适量自来水，用清水将上述位置反复清洗，以清洗出全部消毒水。在清洗工作彻底完成后，可开闸向水池、水箱注水，并达到标定的水位高度，然后加盖加锁。

（6）对二次供水进行水质检测。取水样到市卫生防疫检测站化验取证。

1.4.3.3　水泵定期保养

生活水泵和空调系统每周进行一次一般性检查保养，每半年进行一次全面保养。

消火栓水泵和自喷水泵每两月补压泵，每三月进行一次试运行，运行时间 10～15 min，消防泵起动时在管网顶部测试消火栓出口喷水，其射程应达 6 m 以上。每半年进行一次全面保养。

排污泵、潜水泵每半年进行一次全面保养。

水泵保养时应把与泵体相连的 5 m 范围内的阀门、压力表、管道等随泵同时保养。

（1）泵体的保养。检查泵应无破损、铭牌完好、水流方向指示明确清晰、外观整洁、油漆完好。清洁水泵外表，若水泵脱漆或锈蚀严重，则应彻底铲除脱落层油漆，重新刷油漆。补充润滑油，若油质变色，有杂质，应予更换。检查盘根密封情况，若有漏水应增加或更换石棉绳填料。联轴器的连接螺丝和橡胶垫圈若有损坏应予以更换。紧固机座螺丝并做防锈处理。

生活水泵和空调水泵因运转频繁，每年应拆开联轴器两端轴承进行清洗或更换。检查水泵轴承是否灵活，如有阻滞现象，应加注润滑油，如有异常摩擦声响，则应更换同型号、同规格的轴承。

（2）电机的保养。外观检查应整洁，铭牌完好，接地线连接良好。拆开电机接线盒内的导线连接片，用 500 V 兆欧表摇测电机绕组的相与相、相对地间的绝缘电阻值应不低于 0.5 MΩ。电机接线盒内三相导线及连接片应牢固紧密。

（3）相关阀门、管道及附件的保养。各个阀门的开关应灵活可靠，内外无渗漏。单向阀动作应灵活，阀体内外无漏水。

压力表指示准确，表盘清晰。管道及各附件外表整洁美观，无裂纹，油漆应完整无脱落。

点动判断水泵转向是否正确，若有误，应予更正。

（4）控制柜的保养。断开控制柜总电源，检查各转换开关，启动、停止按钮动作应灵活可靠。

检查柜内空气开关、接触器、继电器等电器是否完好，紧固各电器接触线头和接线端子的接线螺丝。清洁控制柜内外灰尘。合上总电源，检查电源指示应正常。保养完毕应起动水泵，观察电流表，指示灯指示是否正常。观察水泵运转应平稳，无明显振动和噪声，压力表指示正常,控制柜各电器无不良噪声。

1.4.3.4 消防设备的维修养护

消防栓每季度应进行一次全面试放水检查,每半年养护一次,主要检查消防栓箱玻璃、门锁、栓头、水带、阀门等是否齐全;对水带的破损、发黑与插接头的松动现象进行修补、固定;更换变形的密封胶圈;将阀门杆加油防锈,并抽取总数的5%进行试水;清扫箱内外灰尘,将消防栓玻璃门擦净,最后贴上检查标志,标志内容应有检查日期、检查人和检查结果。

1.4.3.5 自动喷洒消防灭火系统的维修养护

其维修养护内容如下:

(1)每日巡视系统的供水总控制阀、报警控制阀及其附属配件,以确保处于无故障状态。

(2)每日检查一次警铃,看其启动是否正常,打开试警铃阀,水力警铃应发出报警信号,如果警铃不动作,应检查整个警铃管道。

(3)每月对喷头进行一次外观检查,不正常的喷头及时更换。

(4)每月检查系统控制阀门是否处于开启状态,保证阀门不会误关闭。

(5)每两个月对系统进行一次综合试验,按分区逐一打开末端试验装置放水阀,以检查系统的灵敏性。

当系统因试验或因火灾启动后,应在事后尽快使系统重新恢复到正常状态。

思考题

1. 简述室内给水排水施工图主要包括的内容。

2. 简要阐述室内给水排水施工图的识读方法。

3. 结合实例正确熟练地识读各种图例代表的配品、配件,及建筑给水排水施工图。

4. 说明建筑给水系统的管理内容。

5. 说明建筑排水系统的管理内容。

6. 水泵房的管理制度有哪些?

7. 水池和水箱的清洗程序是什么?

8. 说明建筑给水排水系统的维修内容。

参考文献

[1] 中华人民共和国建设部,中华人民共和国国家质量监督检验检疫总局. GB 50242—2002 建筑给水排水及采暖工程施工质量验收规范[S]. 北京:中国建筑工业出版社,2002.

[2] 尹六寓,庄中霞. 建筑设备安装识图与施工工艺[M]. 郑州:黄河水利出版社,2010.

[3] 中华人民共和国建设部,中华人民共和国国家质量监督检验检疫总局. GB 50261—2005 自动喷水灭火系统施工及验收规范[S]. 北京:中国计划出版社,2005.

[4] 赵丙峰,庄中霞. 建筑设备[M]. 北京:中国水利水电出版社,2006.

[5] 汤万龙,刘玲. 建筑设备安装识图与施工工艺[M]. 北京:中国建筑工业出版社,2004.

[6] 冯钢. 管道工程识图与施工工艺[M]. 重庆:重庆大学出版社,2007.

[7] 冯刚. 建筑设备与识图[M]. 北京:中国计划出版社,2008.

[8] 范柳先. 建筑给水排水工程[M]. 北京:中国建筑工业出版社,2003.

[9] 王增长. 建筑给水排水工程[M]. 北京:中国建筑工业出版社,2009.

[10] 中华人民共和国住房和城乡建设部,中华人民共和国国家质量监督检验检疫总局. GB/T 50106—2010 给水排水制图标准[S]. 北京:中国计划出版社,2002.

[11] 中华人民共和国住房和城乡建设部. GB 50268—2008 给水排水管道工程施工及验收规范[S]. 北京:中国建筑工业出版社,2008.